本书由大连海洋大学国家级卓越农林人才教育培养计划试点项目"水产类复合应用型卓越人才培养模式改革与创新"及辽宁省本科教学改革项目"水产类'蓝色英才'培养模式改革研究与实践"资助出版

全国大学生第三届水族箱造景技能大赛作品赏析

THE THIRD NATIONAL COLLEGE OF AQUARIUM LANDSCAPING SKILLS CONTEST

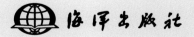

海洋出版社

2018年·北京

编委会

全国大学生第三届水族箱造景技能大赛作品赏析
THE THIRD NATIONAL COLLEGE OF AQUARIUM LANDSCAPING SKILLS CONTEST

主　任：姚　杰

副主任：张国琛　常亚青　王　伟

委　员：王　华　姜志强　韩雨哲

主　编：常亚青　王　伟　王　华　韩雨哲

编　委：刚　健　周　贺　张家润　马得友　王茂林

　　　　陈　曦　肖　苏　杨沐雪　魏佳敬

PREFACE

　　金秋十月，丹桂飘香。在美丽的海滨城市——大连成功举办了"全国大学生第三届水族箱造景技能大赛"。本届大赛是由教育部高等学校水产类教学指导委员会和高等学校国家级实验教学示范中心联席会联合授权，大连海洋大学承办，大连圣亚旅游控股股份有限公司独家赞助的全国性大学生水族造景比赛。本次大赛共有参赛高校 25 所，收集参赛作品 110 件，参赛人数近 400 人。大赛的各参赛选手利用水草、造景石、沉木、观赏鱼等造景素材，在相应大小的水族箱内造景，以展示水产类本科生的专业技能和创造性艺术构思。大赛通过"以赛代训"的方式激发了大学生的参与热情，不仅提高学生实践动手能力和团队协作意识，而且为更多有着创新精神的本科生提供了展现自我专业技能和共同交流学习的舞台。大赛的举办将进一步推动全国各高校水族科学与技术专业及相关水产类专业实践教学改革和实践教学体系建设，强化学生专业实践技能培养和深化创新创业教育改革，有利于促进高校本科教育内涵式发展和全面提高本科生人才培养质量。

　　水族箱造景技能大赛之核心于一"造"字。"造"，可谓创举也，亦可谓一个从无到有的过程。《说文解字》云："造，就也。"无论行业，凡有成就者，均将"造"奉为圭臬。唯尽其心而"造"之，方习摹仿之风日炽中异军突起，造恢宏之风景。于"万众创新"之时代，彰显生命本色。世间本无物，恰同学年少，妙手创造之。水族箱虽然小，却是水族世界凝缩的精华，是环境生态的还原，展示了一方神奇的"水世界"，一方水景，抒写水的博大精深。

　　本次大赛的每一个作品都需要专业的知识与制作的技巧，显学生鼎新之灵慧，蕴创作者精致之构思，散发着智慧的魅力。自感欣喜于本次大赛的作品集结成册，感叹于作品题材广泛，情趣勃然。或从大处着眼，豪放处震撼人心犹如惊雷；或从细部入手，细微处严谨耐心定无虚下。或壮丽，或秀雅，或苍莽，或纤细，匠心于诗画营造，可体悟形神融合，给读者尽情阅赏创造之美。

　　希望这个作品集能够成为一种美好，一段记忆。

　　是为序。

大连海洋大学　校长　教授

CONTENTS

一等奖 作品赏析

全国大学生第三届水族箱造景技能大赛
THE THIRD NATIONAL COLLEGE OF AQUARIUM LANDSCAPING SKILLS CONTEST

MIJINGSENLIN

获奖情况： 一等奖

作品名称： 谧境森林

作品作者： 周冬冬　陈知青　　　　　　　　　　　**指导教师：** 王亚军　谢果凰

推荐高校： 宁波大学

作品简介： 作品设计灵感来自于夜晚林间的小路，作品呈现的是道路的遥远和树林的幽静外，还有坚持。当你面前有多条道路的时候，就要做出选择。人生不仅充满机遇和选择，而且还有挑战和坚持。

就像作品中所表现的，通过一个视角的观察到不同的道路，有的路近、有的路远，仿佛我们面对不同的机遇，只能做出一种选择。但是，不论我们选择了哪条道路，都会有惊喜和挑战，坚持到底会有另一片天空。

本作品给人们带来了神秘的深邃之感，从两侧树枝搭建的森林入口望去，都找不到出口在哪里，让人禁不住遐想，这安静的丛林背后到底有着怎样美丽的景色呢？觅踪神秘而美丽之境，不仅是人们的好奇，鱼儿也会对这样的地方产生无限的好感，这正是本作品要传达给人们的意境。

QINGSHANJIAN

获奖情况： 一等奖

作品名称： 青山涧

作品作者： 刘 强 陈云川   **指导教师：** 李 芹

推荐高校： 西南大学·北碚校区

作品简介： 古诗云："江作青罗带，山如碧云簪。"以云南风光为创作灵感，力图呈现一卷生动的山涧清流画卷。

作品采用凹形构图技巧，挑选纹理相似但大小各异的青龙石，构建气势磅礴的山体；在作品的整体设计中极其讲究美学上近疏远密的布景关系，通过山体和水植的严谨搭配和错落的布景方式，展现空间的韵律感与层次感，将小景大美延伸至极致。整幅作品中瀑布位于黄金比例点更是"青山涧"的点睛之笔：悬落的瀑布与山涧源头设在两焦点处，溪流瀑布以细沙铺设，搭配青龙石的形态转换及河流的远近对比，构造出山水交叠、蜿蜒磅礴且自然逼真的走势，双层瀑布非常拟真，大有"一泻千里"之意。水草虚实搭配，营造出青嫩草地、悬石飞瀑、清新自然的山水之景。观者有"时急时缓好似'青罗带'，清幽翠屏宛如'碧玉簪'"之感。

雨水夹明镜，双溪落彩虹。"青山涧"精致细腻，是一双温柔巧手，攫取彩云之南一段山石飞瀑而来，充分体现大自然的诗意和清宁。自然之美源于林中山水、石上山涧。故此作品名曰"青山涧"。

获奖情况： 一等奖

作品名称： 崖之根

作品作者： 王 涛 刘 皓 王 珍   **指导教师：** 王春芳 丁 森

推荐高校： 华中农业大学

作品简介： 作品的灵感来源于大自然，一些生长在悬崖峭壁上的树木，它们所在的土壤稀薄，通常会长出异常发达的根部，牢牢抓住岩石，并匍匐向下生长，作品所展现的就是悬崖的高耸入云和树木顽强的生命力。

造景主要是以青龙石和杜鹃根为造景素材，构图为对称结构，在树木的配置上前大后小来突出景深。作品的创新点在于，将杜鹃根垫高时，抛弃了传统方法用石头堆积，而是格子板搭建骨架，在上面摆设杜鹃根，在外层摆放青龙石，一定程度上避免了后期硬水现象；其次就是将树木摆放得很高，超过缸的高度，加水后，水面的倒影会加强纵深感。固定好硬景观后，在岩石和前方的根部作者选择了垂泪莫斯，因为垂泪莫斯生长后也是向下的，与自然条件中的苔藓状态吻合。为此，在平台上选择大三角莫斯和松茸莫斯（大三角在前、松茸在后），来营造景深。

最后面的树干上点缀了绿藻球，水草泥上种植爬地矮珍珠，最后在树根的间隙放置了迷你小榕，进一步增加自然感。

QINGSHANLIANBI

获奖情况： 一等奖

作品名称： 青山连碧

作品作者： 孙锦文　刘雅兰　　　　　　　　　　　　**指导教师：** 王亚军　谢果凰

推荐高校： 宁波大学

作品简介： 作品设计灵感结合了祖国河山的现实景象、传统文化艺术国画等表现方法，使用了长度为120厘米的超白缸进行造景，绘制出连碧青山这一壮阔辽远的山河景观。

作品主体部分是连亘不断的青山，使用了大量青龙石作为山体主景，通过底泥铺垫的高低，大小石头的选择绘制出石景缸的景深。造景过程中作者在连绵的青龙石之间开通了一条通向远方的小路，这是作品中的趣味点和景深点。水草方面，使用了矮珍珠、莫斯、绿藻球等水草进行种植，品种较少的水草增强了整个景观的统一性和整体性，同时在青山之间，留出了几处平台，缓冲了整体的视觉效果。成景之后，放入了三角灯和红绿灯来为草缸增添一份生机和乐趣。在山间的潺潺流水中，小鱼儿也在这样一个完美的、自然的、生态的生活环境中自由地畅游着。

JINGMI

获奖情况： 一等奖

作品名称： 静谧

作品作者： 梁炳辉　王童问　高　生　　　　　　　　**指导教师：** 徐　灿　金曙刚

推荐高校： 上海海洋大学

作品简介： 人们常说"物以稀为贵"，看过了太多的喧闹，我们就会希冀那少有的一份宁静，而能够给予我们的往往就是
大自然。
作品灵感来源于大自然，主体是杜鹃根缠绕着青龙石，就像自然中的老树盘根一般。杜鹃根上青绿色的莫斯、
绿藻球，小水榕与"老树根"形成鲜明的对比，展现了勃勃生机。后景的宫廷草和水兰随水漂摇，在静谧之下
增添了一份灵动。活泼的鱼儿悠闲地游动着，仿佛在享受着来自"大自然"的馈赠。作品总体展现出了大自然
的魅力，即使繁华，却不做作，一直保持着最初的那份静谧、朴素，就是这份魅力能拭去我们心头的浮躁，唤
起我们内心最深处的那份悸动，让我们能够在这繁华的尘世中沉淀下来。
一根根粗枝坚定地盘曲在坚硬的岩石上，看似张扬地向外舒展，实则将最稳固的根深深植在石缝之中，安安静
静地等待着鱼儿的穿梭游玩。而顶部好像形成了一个天然的保护伞，模拟了静谧丛林中的树荫部分，生动不死板，
刻画了美丽的丛林之景。

MENGHUANTITIAN

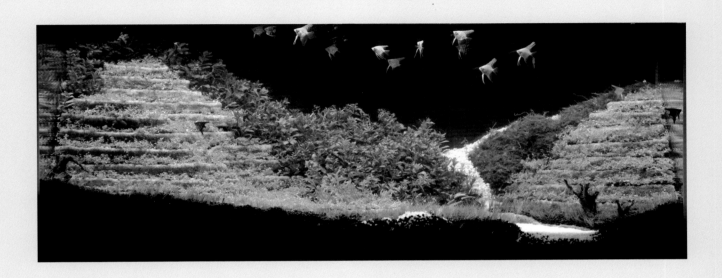

获奖情况：一等奖

作品名称：梦幻梯田

作品作者：王 宁 辛 彤 兰福德　　　　　　　　　指导教师：周 贺

推荐高校：大连海洋大学

作品简介：作品采用凹型构图，黄金分割梯田的位置，使整个景观描绘出连绵起伏的画面。

　　　　　硬景搭建和水草栽种中，包括梯田制作和整体搭建。作品没有采用普通的石材和木材，而采用了特殊材料 ABS 板。梯田制作包括板的选购、绘图、裁剪、拼接、粘沙等步骤，并利用板做支撑架。整体搭建缸底铺入底泥，在黄金分割处放置隔板，增加河流可塑性，把模型按从大到小搭建，每层中放入沙石，防止板上浮。在梯田后面添加底泥做成山坡形状，添加淡蓝色化妆沙做河流。采用三角板做梯田支架，节省材料，增加稳固性。

　　　　　两座层次分明的梯田之景首先给人们带来的是新奇的视觉冲击，梯田是一处常见的自然之景，然而这样有层次感地体现在水族设计中，使得整个作品看上去既大胆又不失沉稳。两处梯田中间加以树木和流水的修饰，更是锦上添花。

XIAGUXILIU

获奖情况： 一等奖

作品名称： 峡谷溪流

作品作者： 杨 强 徐 晔　　　　　　　　　　**指导教师：** 李信书　程汉良

推荐高校： 淮海工学院

作品简介： 作品的创作灵感来源于深山峡谷和蜿蜒流淌在山中的溪流。用一些较为长直的石块来体现陡峭的山壁，选取了拥有白色条纹的青龙石，体现山体风化多年的沧桑感。左半部分较为陡峭，而右半部分选用了一些较为厚重的石块，体现了山体的沉稳。从中间向两边坡度递减，构成了陡峭的锐意。

待石头骨架构建完成，放置一些碎石在大石块之间，使整个造景更加自然。在峡谷间倒入漂洗过的白沙来体现溪流蜿蜒流淌的景象。两边用黄沙，营造出经水流冲刷后沉积的泥沙。在两侧前面低矮处种植挖耳草，用少量的爬地宫廷来表现小片的灌木丛，郁郁葱葱地生长在峭壁之上，给整个作品增加了强烈的生机。

作品的意境既包含了山和草原的沉静庄重又富含了山溪的灵动轻快。溪流虽细，却有不断延伸的趋势，似是从远处曲折蔓延而来，虽然途中多有山石阻挡，溪流却依然曲折穿流，最终汇入江河，体现了对于生命的讴歌。山体经多年风化而形成的奇峰怪石，暗示了生命对于磨难的坚忍。

BO

获奖情况： 一等奖

作品名称： 博

作品作者： 栗　涵　王田洛　温绮乔　　　　　　　　**指导教师：** 汤宝贵　孔　华

推荐高校： 广东海洋大学

作品简介： 博者，广大也。要在见尺的水族缸内容纳广大的景致着实不易，作者利用大量的松皮石将水族缸"填"满，用满溢景色反衬出鱼缸的小，鱼缸的小又恰恰衬托出景色的大。近大远小的构造增加了景的立体感和层次感，造型奇特的小石头搭建的石洞又是景的亮点，景色在凹处渐没，此处的留白给人以无尽的想象空间。另外，用树根依附在石头上，树根错落不齐、凌乱无章，这种自然随性使景色更显沧桑；就好像是一棵博大的树，根系发达，生命顽强，树的博大表现在它的根，既包住了整个山景，间接地让人感受到树的"博"，又给人无尽的想象空间。根的"博"与山的"博"相辅相成，看似矛盾，却又相互衬托，看似两个整体又融为一体，由小见大。山的博大，生命的博大，自然的博大，在小小的水族缸内表现得淋漓尽致，不由让人感到震撼，而油然发出类似"天之苍苍，其正色邪？"的疑问。世界的大道都包含在这博大中，正如广东海洋大学的校训：广学明德，海纳厚为。

LINSHEN

获奖情况： 一等奖

作品名称： 林·深

作品作者： 李松璋　　　　　　　　　　　　　　　　　　**指导教师：** 李　芹

推荐高校： 西南大学·北碚校区

作品简介： 作品主题以青龙石，辅以粗壮的杜鹃根，力求呈现森林一角的沉静、幽雅。作品的整体设计严谨，青龙石排放的紧密，紧贴杜鹃根，左右两侧杜鹃根交互辉映，前粗后细，错落有致，体现出整体的层次感。在山石相间的视觉消失点处，用以黄沙铺成小路，盘曲延伸至景壁，仿佛置身于茂密的森林中，忽遇小路，拔云见日，豁然开朗。小路旁把完整的景色从中间分开，使左右的凹型山势更加具有气势。前景草种植辣椒榕、水棉等，用深绿修缮杜鹃根的枝杈；而后景则运用矮珍珠等翠绿的水草，配以远处恰好消失的小路，给人以无限的遐想。作品通过整个山势与前后景色构建的对比，诠释了森林深处的独特景致，因此作品取名"林·深"。

作品体现的是丛林深处溪流湍急的部分。两岸树木盘根错节，树枝的摆放虽多，但却错落有致，不会给人留下凌杂的印象。岩石的摆放自然不刻板，颜色搭配是以大自然的绿色为主色调，褐色的岩石作搭配，使得整个景观完美地呈现在水族箱设计中。

QINGXI

获奖情况： 一等奖

作品名称： 青溪

作品作者： 李嘉靓　童国斌　　　　　　　　　　　　　　　　　**指导教师：** 李　芹

推荐高校： 西南大学·北碚校区

作品简介： 闲庭信步，寻一处流水潺潺。本以为只是几块顽石，却在流水的奔腾下变得灵动起来。溪流在石涧跳跃，仿佛敲击琴键，奏出和谐动听的自然之音。流淌着的溪水是大自然鬼斧神工制成的佳酿，沉醉了石边的青草，陶醉了欣赏的人们，使人不禁吟出"当时只记入山深，青溪几'度'到云林"的诗句。因为青溪才有这一幅清新动人的画卷，更是因为青溪才带来了勃勃生机。

作品创作灵感取自自然之小景——山涧小溪。以青龙石构建基本骨架，营造出幽静石涧的氛围。再利用化妆棉和白纱打造出灵动的溪流，流淌在参差的岩石间。最后采用矮珍珠分布全景，牛毛毡、叉柱花错落分布，点缀其间。通过山体和水植的严谨搭配和错落的布景方式，展现空间的韵律感与层次感，青溪这一景致得以呈现。

景虽小但意无穷，流淌的青溪从高处涌出，将奔向远方，预示着生命的生生不息。愿看到这幅作品的人也能感受到这份自然之美和不息的生命力。

LVYEWEIGUANG

获奖情况： 一等奖

作品名称： 绿野微光

作品作者： 刘 皓 王 珍 王 涛　　　　　　　　指导教师： 王春芳　丁 森

推荐高校： 华中农业大学

作品简介： 川藏骑行 18 天，从波密到林芝，沿途景观尽收，因此造景灵感来源于川藏路上的林芝原始森林。绿野与林海交相辉映，绿茵烘托鲜花；神山圣湖相连，莽莽林海蔽日。作者所表达的是仲夏季节里葱葱郁郁原始的自然之力。作者选用的素材主要是沉木和杜鹃根，沉木拼接成粗壮的树干，纵横交错的杜鹃根表现出树木扎根于大地，迸发出蓬勃的张力，了无拘束。通过前后景使用不同粗细的材料，以及在后景采用的一些细树枝，加强了景深的感觉。

水草方面，在前景使用了黑木蕨，泽藻和趴地矮珍珠，后景、中景使用了牛毛毡过渡树干与绿野，并使用了迷你矮珍珠，加强了景深的效果。最突出的一点是在最后对绿宫廷的使用，消除了渐变后空虚的状态，更加呈现出森林深处盎然葱郁的景象。

二等奖 作品赏析

全国大学生第三届水族箱造景技能大赛
THE THIRD NATIONAL COLLEGE OF AQUARIUM LANDSCAPING SKILLS CONTEST

AVATAR

获奖情况： 二等奖

作品名称： Avatar

作品作者： 许　可　甘碧芙　符　威　　　　　　　　**指导教师：** 王淑红　陈静斌

推荐高校： 集美大学

作品简介： 在看过《阿凡达》之后，许多观众被其中的崇山峻岭与古木密林所折服，而《阿凡达》的取景地正是我国的张家界。借此，作者尝试将传统中式山水的雕刻技巧融入悬浮式造景中，让失重的世界在水族箱中重现。

主景材料选用长白山浮石和青龙石，水草选用藻球、垂泪莫斯、珊瑚莫斯、大三角莫斯、柳条莫斯和迷你黑木蕨。

作品造景亮点是山石盆景雕刻及悬浮造景，还原电影《阿凡达》中的失重场景，在水族箱中展现奇特瑰丽的潘多拉世界。

作品以电影《阿凡达》里的壮观景象为构想，整体由几座尖峰和茂密的树丛组成，而一条潺潺的流水在这里更增添了作品的欣赏性，使整个景观看上去更加壮丽。

SHENGMINGDERENJIN

获奖情况： 二等奖

作品名称： 生命的韧劲

作品作者： 周天培　杜　楠　　　　　　　　　　　　　**指导教师：** 李信书　程汉良

推荐高校： 淮海工学院

作品简介： 作品灵感来源于亚马孙流域一棵被疾风河流折倒的老树，虽然历经严酷环境的侵袭，却依然老根苍劲，完美地演绎了枯木重生的过程，体现出自然界生物生命的韧性。作品的制作分两步：第一步是骨架的搭建，作者选取了杜鹃根作为大树的搭建，通过截取、接合、捆绑的方式让它们构成一棵树的主体，然后用青龙石固定底部，并搭建基座，尽量体现出自然界河流冲刷的美感；第二步是水草的搭配，作者尽可能让景色显得自然，选用的后景水植为水剑、大红梅、绿宫廷，这三种杂而不乱的水植体现灌木丛的感觉，中景使用羽裂水蓑衣、日本簧藻的搭配作为过渡，衔接处补充了趴地宫廷。大树上使用细叶铁、辣椒榕，还有迷你小榕作为点缀，显示出大树的生机勃勃，石缝细节处使用了矮珍珠、小榕还有莫斯点缀，显得整个景致很自然。最后通过这个景色表达作者对于生命的崇敬，如同人生一样，虽然困难重重，但只要心坚志磐必定能绽放出美丽的花朵！

XIGUMIJING

获奖情况： 二等奖

作品名称： 溪谷谧境

作品作者： 郝 强 王晓涵　　　　　　　　　**指导教师：** 包 杰 罗 岩

推荐高校： 沈阳农业大学

作品简介： 设计灵感来自于假期旅行偶遇的一幕：一条小溪在树木间静静地流淌着，两岸的树木也将树根从岸边延伸到河里，入口处是一片绿油油的草地，树木之后小溪蜿蜒盘旋，看不到尽头。采取小块的碎火山岩构成河道，在河道两边用黑水草泥来代表两岸，中间用河沙混细沙代表溪流，火山岩上方选用带有像根部突出部位的沉木来代表两岸的树木。为了让树木达到更加逼真的效果，在枝头上粘上少量莫斯来代表树叶，沉木枝杈间点缀小榕为使沉木更加贴近自然。前景选择爬地矮珍珠来代表树木间的草地，后景草则用递变的方式，颜色由红色渐变到绿色，这种递变的方式整体看上去颜色丰富多彩但又不显突兀，使景更加接近自然美。作者主要想突出溪谷的宁静美，通过各种素材之间的相互搭配，最大程度还原自然景色。而加入鱼和景色相互交融，则更加完美地诠释本缸的主题：自然中的宁静美。

SHANJIAN

获奖情况：二等奖

作品名称：山涧

作品作者：王方胜 姚 恒 何 慧　　　　　　　　　　指导教师：江 辉

推荐高校：湖南农业大学

作品简介：古有韦应物赋诗"山涧依硗嶆，竹树荫清源"；山中有水，水流成涧，山涧自古受文人墨客推崇。作者刚好在湖南上学，偶然的机会去张家界旅游，看到大自然的山涧很漂亮很美妙，就以张家界的景致来构图，最终呈现这样的一幅作品给大家。精心挑选的杜鹃根、松皮石、火山石搭建原生态的骨架，骨架摆好后通过细枝的添加营造一种自然感。水草选择辣椒榕、迷你青椒、趴地宫廷、小三角莫斯、黑木蕨、藻球、绿菊、红宫廷，前景草搭趴地矮珍珠和椒草，让人看起来比较清新，符合山涧中小草的生长规律的前景骨架；中景莫斯搭辣椒榕，比较自然，给人整体感比较强；后景用绿菊和红宫廷，给人一种延伸感，从绿色到红色的一个过渡，有吸引人的视觉效果。藻球用来做远景，叶子较细，跟其他水草有一个明显的反差。在鱼的选择上，作者选用了红绿灯、三角灯琉璃虾，灯鱼有群游的习性，就像林中成群的飞鸟，当然也不缺少独来独往的个体。琉璃虾趴在趴地宫廷上就像小动物栖息在树枝上，特别有生气。

KUIGUDONGTIAN

获奖情况： 二等奖

作品名称： 夔谷洞天

作品作者： 袁文清　谢德欢　龚海燕　　　　　　　**指导教师：** 郑曙明　周兴华

推荐高校： 西南大学·荣昌校区

作品简介： 作品设计灵感来源于长江夔门，选用的都是大块的青龙石，模仿自然界恢弘壮阔的峡谷景观，峡谷两侧略有高低，增加整个景致的层次感。中间用黄金沙铺了一条大江，将峡谷的气势磅礴展现出来。在黄金分割的位置上，利用青龙石本身的一个小洞模拟峡谷洞口，在洞的后面用小石头营造了一些远景，增加景致的纵深感。左侧的山崖下，用大量的碎石铺满，再往上撒一些水草泥，营造出一种历经沧桑的年代感。右边的山峰上，两条蜿蜒的河流在悬崖处聚集，似乎听到了瀑布的声音。本次造景选用了南美叉柱花、趴地矮珍珠、迷你矮珍珠、三角莫斯、羽裂、绿宫廷、红雨伞七种水草，相互映衬。以独特的三峡文化为创新点，展现瞿塘峡的山势雄峻、岩壁高耸，创作出蔚为壮观的三峡景观，可用于各大公共场所展示。

XUN

获奖情况： 二等奖

作品名称： 寻

作品作者： 黄家林　苏泽浩　　　　　　　　　　　　指导教师： 于兰萍

推荐高校： 山东农业大学

作品简介： 作品以杜鹃根问为主，辅以青龙石搭建成骨架，并使用大量的绿色系水草（细叶铁皇冠、水榕、大韭兰、莫斯、日本簧藻、温蒂椒草）配以少量雨裂水蓑衣和咖啡椒草，使整体更加自然。然后，再配以白色的化妆沙，使之与绿色形成鲜明对比，更加衬托出整幅作品的自然与生机。整幅作品从前面到后面，树枝由高到低，似是去深处探寻着什么。另外，还有鱼儿游进深处觅食，从而勾起了人们的好奇心，有去深处探寻未知的向往，所以便以"寻"字来命名。景观由高低不同的树枝和水草构成，形成了能给人带来视觉冲击的层次感。在这里树枝盘曲着弯绕着让人看不出哪里才是尽头，更有神秘深邃的感觉。

SHIJIEZHICHUANG

获奖情况： 二等奖

作品名称： 世界之窗

作品作者： 肖自东　马园汉　　　　　　　　　　指导教师：王建国　单喜双

推荐高校： 江苏农牧科技职业学院

作品简介： 通过青龙石、化妆沙、水草等的协调搭配，构建了喀什特地貌景观。溪流不断侵蚀着山脉，相互交汇涌入地下暗河。河流滋润着山川草木，显示出勃勃生机，溶洞口在河流、阳光的沐浴下长出了各种植物。这幅作品就像一位探险家被困在山洞之中，经过坚持不懈地努力，顺着地下河流找到了山的出口，眼前豁然开朗，生机勃勃，那是生的希望，是走向文明世界的窗口。

这幅作品寓意年轻人不能轻易放弃，应直面困难，坚持不懈，最终就能找到解决困难的方法，困难过后一定会得到不一样的风景，也是打开新的人生窗口。

两侧山峰高、中间低，就像是一个密闭的空间被打开了出口，而河水从每一个出口流出，也像是被囚禁了很久终于跨过层层障碍找到了出口。这正是"世界之窗"传达给人们的含义。

JINGLIN

获奖情况：二等奖

作品名称：境林

作品作者：温思民　甘智健　黄子健　　　　　　指导教师：李长玲　王海燕

推荐高校：广东海洋大学

作品简介：作品名为《境林》，意为意境、森林。此景从前景两块主木，中景、远景以一些小沉木两侧排列，延伸出一条
通往远处的丛林之路。通过种植趴地矮珍珠，形成从近往远蔓延的感觉，小路的两旁灌木丛生，苔藓在沉木上
表现出了岁月沧桑的痕迹，草、木、石自然结合，宛如水下森林悠远、沧桑、静谧。
通过对缸的两侧加入丰满的沉木，使得观赏者的视线从前景的两块主木，慢慢聚焦于草丛小路，顺着草与木的
方向，逐渐向远望去，让人心生意境。境从心生，景由意构，此为境林。上有高大盘曲的树枝欲遮住整个天空，
下有翠绿的水草就像丛林中可爱的小草点缀着整个景观。岩石的摆放宽松度正合适，整个景观协调又美观。将
人带入一个静谧神奇的森林，让观赏的人们享受着迷失在美丽丛林中的喜悦。

XIAJIANGQING

获奖情况：二等奖

作品名称：峡江情

作品作者：陈　兵　李建龙　夏景全　　　　　　　　　　指导教师：王　峰

推荐高校：青岛农业大学

作品简介：作品以表现山势险峻、绝壁峭立的峡谷风格为主题，主景中左右两侧各设置弯曲的峡谷。从远处观看全景，山峰连绵起伏层峦叠嶂，为了避免完全对称的呆板，作者在左右两侧外均设置不同的局部风格，例如左侧由小石块组成的石矶山岗，右侧则设置为邻水暗洞，以丰富景观的趣味性和观赏性。此次造景从景别上来说主要表现中远景，即有前面邻水的悬崖石矶，也有表现出深远意境的陡峭对峙的峡谷。创作过程是构思立意、素描构图、挑选素材（选择纹理相似的高瘦形的石块）、进行摆放（先定主峰再设次峰、配峰，先大后小、先近后远、先上后下）、根据整体布局进行细节调整、定型拍照、注水种草。一眼望去，山峰重重叠叠一座接着一座，高矮不同形态各异，山与山之间似紧紧依靠又似远离，这忽远忽近的距离就像是围坐着闲聊的几个巨人。给人一种雄伟壮阔又不失亲密之感。

JINGMIGU

获奖情况： 二等奖

作品名称： 静谧谷

作品作者： 谢 冰 乐德维　　　　　　　　　　　　指导教师：王建国 单喜双

推荐高校： 江苏农牧科技职业学院

作品简介： 为了营造静、幽、雅、清的氛围，作者主选用叶子偏细的水草来密集种植，衬托出红宫廷的艳，营造一种雅静相结合的画面。多处栽植小叶水草，营造出整个景观的活泼和生机，更加突出了景的幽静；用黄沙作为底沙，更好地突出河流的效果，泾渭分明，结构上展现了景的干净；用火山石粘上绿藻球，营造出天然藻类的自然之美。此外作者用了许多小型灯科鱼点缀其间，体现出作品的动静结合之美，也烘托了生机之美。

本作品给人的第一感觉是耳目一新，看上去十分的漂亮，这是色彩搭配所起到的效果。作品以红色和绿色水草搭配，以柔软的小型水草代替了繁多的大型粗枝，以柔替刚，增添了作品的柔美感，使得整个作品给人清新淡雅的感受。

WANGGUI

获奖情况： 二等奖

作品名称： 望归

作品作者： 汪　焕　宋文雅　赵笑颜　　　　　指导教师：刘变枝　孙向丽

推荐高校： 河南农业大学

作品简介： 作品名为"望归"，由青龙石、杜鹃根、莫斯、矮珍珠、叉柱花、小水榕、红绿松尾等组成，灵感来自于《诗经·周南·卷耳》中"陟彼崔嵬，我马虺隤。陟彼高冈，我马玄黄"。寓意于山里妻子盼望山外打工的丈夫归来。作品为"U"型构图，以3:1的比例设置开放空间，两座山峰一大一小、一高一低。左侧山峰前方四块石头直立，凸显出山之巍峨陡峭，顶端立以白石，使山势更加立体，后方三块石头从左至右交叠而放；两枝古松一枝直立向上，一枝从山间斜入山谷，每支从低到高设置三到四个莫斯树冠，似女子亭亭玉立，又似女子拾阶而上。山间铺以矮珍珠，山前为叉柱花，以水榕、鹿角铁、簧草点缀于山缝之间。红绿松尾种植于缸壁后缘的山谷两侧，营造出较强的空间感和意境。缸体右壁的红松尾与缸壁后缘红松尾遥相呼应，丰富了整个水景的色彩。本作品的创新之处在于杜鹃根和莫斯树冠的巧妙结合，有效地增加了作品的层次感和景纵感。莫斯树造型既似一女子安静守候于山谷，又似女子攀山而上，守望归夫！正所谓青山翠木，绿草丛生，守望之情，坚若磐石！

HEN

获奖情况： 二等奖

作品名称： 痕

作品作者： 喻杨乐夫　米　笛　陈伟豪　　　　　　　　**指导教师：** 丁淑荃

推荐高校： 安徽农业大学

作品简介：《痕》是一个南美式造景，整个造景以沉木为主题，搭配上色彩清新的青龙石，摆放的位置和谐自然，在展现形态沧桑斑驳的同时，配上所点缀的水草（叉柱花、矮珍珠、天湖荽、椒草、日本箦藻、水榕、莫丝、红尾松、大水兰、小水兰等），充满了勃勃生机。诗曰：时来运转声气发，多年枯木又开花。枝叶重开多茂盛，几人见了几人夸。作品最大的特点就是沉木错杂中的一大丛红尾松，给人绝处逢生、枯木开花的视觉效果。同时赋予作品美好的寓意：水中的波澜，是游鱼留下的痕迹；沉木上的皲裂，是时间留下的痕迹。痕，是生命的体现，是自然的结晶。时光洪流中，时间会腐蚀万物的躯壳，就像那些沧桑的沉木，留下遍体鳞伤。但生的灵魂永不会消逝，它在世代轮回中向我们证明，生命是永恒的！

SHENGSHENGBUXI

获奖情况： 二等奖

作品名称： 生生不息

作品作者： 侯福伟　黄志龙　王　伟　　　　　　**指导教师：** 郭国军　芦　兵

推荐高校： 河南牧业经济学院

作品简介： 作品灵感来源于一部自然纪录片，在片中描述的是经过地壳运动破坏后的原始森林的生存状态，生活在森林中的古树，枝条慢慢枯萎死去，独留下苍劲有力的根部。春风吹入老根间，本以为老根的生命已尽，而今根冠树臼处又长出新芽，在根洞处又有嫩枝透出。这预示着，老根对新芽的滋养和对新生命的呵护，生命从此生生不息。整个作品采用"三角形构图法"，以杜鹃根为主，右边的老根为焦点，底部以青龙石铺底，更能凸显出古树生命力的顽强，在构图中没有刻意用夸张的表现手法，而是尽可能地还原出大河岸边的老根被雨水冲刷，侧根抱石尽现，希望呈现出老根的苍劲坚毅。在草的选择上，右边根部上的小水榕代表新生的枝芽，加重了焦点的效果。作品中的后景采用皇冠草和篦藻，利用两者的高低差，营造出平缓的地势，在树根和石缝中种几簇叉柱花模拟灌木丛，再一次和古树形成对比来突出主题。其他地方以迷你矮珍珠适当铺垫，进一步还原大自然的景观；最左边利用化妆沙构列出河滩，既加强了景深，也展现老根经历风吹雨淋，尽露峥嵘。水是生命之源，作品中河岸边矮珍珠生长茂盛，与枯树老根、灌木丛林、抱石青龙、绿色新芽相互映衬，展示出生命的生生不息。

WENDAO

获奖情况：二等奖

作品名称：问道

作品作者：黄佳欣　涂　纹　渠佳豪　　　　　　　指导教师：孙金辉

推荐高校：天津农学院

作品简介：在一片茂盛的植物中能寻到一条路，顺着方向望去，一丛小水兰映入眼帘，清新明净。全景以青龙石为骨架，两旁山脉高耸，居中的山峰直指青云，空灵旷达。气势宏伟的山景配以红绿相间的植物，生机盎然，游鱼相戏又增添活力，但深入其中又感到心静，如兰一般，在山谷丛林间访道，感悟多彩深远的人生。"问道"即寻找道路之意。作品整体布景呈现出的是一片杂乱迷离，这也正好体现了作品的主题"问道"；在一片杂乱中寻找出路，这也正是我们应有的人生感悟。人生有太多的曲曲折折，我们应像作品的主题一样勇于开拓去寻找一条条通往人生巅峰的道路。

DONGTINGYOUHU

获奖情况： 二等奖

作品名称： 洞庭有湖

作品作者： 尹建峰　龙　念　许伟华　　　　　　　指导教师：赵会宏　孙红岩

推荐高校： 华南农业大学

作品简介： 正所谓："湖光秋月两相和，潭面无风镜未磨。遥望洞庭山水色，白银盘里一青螺。"作者创意灵感来自于中国著名景点"洞庭湖"，在此基础上作者还融入了一些南美风格元素，使其更加栩栩如生。八百里洞庭辽阔无边、风平浪静，湖水清澈见底。月光照在湖面上，波光粼粼、银光闪闪，就像一面巨大而又神奇的铜镜。这高高屹立的山峰，像一位害羞的少女，而那丝丝缕缕的薄雾正是少女脸上神秘的面纱，看起来朦朦胧胧，若隐若现。远远望去，生长着一片片茂盛的丛林，好似披上了绿色盛装。作品整体构造的是一个美丽幽静的洞庭，周围树木丛生，郁郁葱葱，在错落有致的树丛中间紧紧地包裹着一处清澈的湖水。配合着景观中的流水声，整体构画了一个洞庭之中的湖水被树丛包围的温暖画面，让人看了不禁生发温馨和谐之感。

YOUZI

获奖情况： 二等奖

作品名称： 游子

作品作者： 孙雨晴　乌春莹　王盛南　　　　　　　　**指导教师：** 韩雨哲

推荐高校： 大连海洋大学

作品简介： 作品灵感来源于辽南著名景点"望儿山"，慈母盼儿归，终化作石像，体现出盼儿心切的伟大母爱。
作品中，鱼儿喻指芸芸"游子"，背景"望儿山"喻指母亲，红绿灯鱼犹如游子游弋在母亲的臂弯中。
作品呈现的景观是较为常见的自然之景，几块较大的岩石在景观中起到勾勒主景的作用，配以小型绿色水草在水中摇曳，作为一处景观来说有一种宁静之美，但结合作品名，瞬间给人带来一种荒凉凄清的感受。一条条鱼儿在水中奋力追逐，更像是出门在外的游子在外拼搏的场景，渲染了一种思念家乡的情怀。

PUTIYIWU

获奖情况： 二等奖

作品名称： 菩提一悟

作品作者： 许 阳 蒋彭忠　　　　　　　　　　指导教师：丁淑荃 孙 伟

推荐高校： 安徽农业大学

作品简介： "菩提本无树，明镜亦非台，本来无一物，何处惹尘埃。"作品有感于在纷扰复杂的社会中，身处象牙塔的莘莘学子那份不安的躁动之心。"生亦有道！"生命的伟大在于其不断地生长，而人生的智慧在于不忘初心。

作品采用了杜鹃根与十字牛顿草的搭配，利用牛顿草脱离水草泥会悬空生根的特点，模拟空气中的气根，创造出一棵气根密挂，沧桑稳固，而又不乏树冠之上的盎然生机的古树。迎光生长的树冠就像是不断前进的我们，而安静垂落的根却是在纷杂社会中迷失的我们的初心。

"不忘初心，方得始终！"作品正是通过叶与根的结合来警醒自己，提醒世人，在不断前进的人生旅程中，不要忘记为什么出发，不要忘记根在何处，"不忘初心，继续前行"。

CHUANCHENG

获奖情况： 二等奖

作品名称： 传承

作品作者： 刘贻威　孙珊珊　王少楠　　　　　　　**指导教师：** 江　辉

推荐高校： 湖南农业大学

作品简介： 确定主题是构景的依据，选择色调是选材的方向。在设计过程中，遵循黄金法则分配缸体，设主景与次景，确定山体整体走向，将大概想法在图纸上画出来，然后参照图纸进行石头摆放。在制作过程中，先将缸体分布在缸上进行标记，在左后方和右后方倒入底泥，喷湿，选用较为平整而稳固的青龙石作为基部进行山体的垫高，然后再铺设一层底泥，喷湿，其目的是为了防止底泥滚动，造成后面石头放置不稳。进行主景石的摆放，以及次景的摆放后，将缸后面加底泥使地势升高，营造景深，铺设黄沙作为河道。骨架基本完成，再进行适当的调整就可以开始种植水草了。铺设矮珍珠，粘贴莫斯，种植水榕，种植绿菊。然后注水，注满水后，捞去表面浮渣，放置沉淀。

本作品的创新点在于两条河道的设计，以往大部分的作品都只有一条河道。既然是山涧之上，怎么会没有潺潺流水呢？所以，作者在主景处设置了一个山涧和一条小河道，一大一小相互映衬。

YUEMATANXI

获奖情况：二等奖

作品名称：跃马檀溪

作品作者：高广斌　郭晋姝　张皓铭　　　　　　指导教师：曹瑾玲　宋　晶

推荐高校：山西农业大学

作品简介：唐代诗人胡曾，春游檀溪，写下"三月襄阳绿草齐，王孙相引跳檀溪"的佳句，其中"跳檀溪"描绘的是刘备情急之下跃马过檀溪，逃脱蔡瑁追杀的情景。作品以此立意，采用超白缸体、陶粒、化妆沙和水草泥为底床，以沉木和青龙石为主景，搭配三角莫斯、趴地矮珍珠、牛毛毡、日本珍珠草、青丝红叶等植物和红绿灯鱼。缸中以趴地矮珍珠形成山前景观；缸体左侧，以日本珍珠草作后景，通过青龙石的摆放形成连绵起伏的山脉，牛毛毡穿于整个山脉之间；缸体右侧，以青丝红叶作后景，摆放较低的青龙石，与左侧山脉遥相呼应；缸体中间用三根沉木构建出"跃马"，沉木上用三角莫斯点缀，其下用化妆沙铺设一条蜿蜒的河流。景观运用青龙石搭配大量的日本珍珠草和矮珍珠，呈现出山脉的层峦叠嶂，沉木构建的"跃马"在红绿灯鱼群组成的"千军万马"追逐下跨越河流，体现出刘备跃马过檀溪的意境。

竹杖芒鞋轻胜马

ZHUZHANGMANGXIE
QINGSHENGMA

获奖情况： 二等奖

作品名称： 竹杖芒鞋轻胜马

作品作者： 张桐玮　刘思琪　刘新奇　　　　　指导教师：储张杰　赵　波

推荐高校： 浙江海洋大学

作品简介： "竹杖芒鞋轻胜马，一蓑烟雨任平生。"古往今来，文人墨客关于秋的创作中，十之七八透着一个"悲"字，
展示的是"无边落木萧萧下"的画面。

然而，秋虽是草木凋零的季节，却饱含着丰饶的希望和热烈的美感。秋雨梧桐叶落时，固然难免对逝去的美好
依依不舍，但这种逝去是轮回的必然，是成长的必须，是推动发展的勇敢而又关键的一步。作者虽描绘秋景，
但以此表现秋日山川的辽阔之景，表达出豁达、乐观的精神。世界如此美丽，蜗角虚名，蝇头微利，算来着甚
子忙?

杂乱的岩石摆放使得整个作品传递给人一种没有出路的感觉，在整个景观中都找不到一条平坦的道路。但正是
因为这样，才更加鲜明地体现出作品的主题，"竹杖芒鞋轻胜马"不正是在说，在这样的环境下"竹杖芒鞋"
行走得也比骑马轻巧吗?

JI

获奖情况：二等奖

作品名称：寂

作品作者：张恩禹 汤 炀 王 震　　　　　　　　　　指导教师：周 贺

推荐高校：大连海洋大学

作品简介：作品以"寂"为主题，因此选用松皮石、牛毛毡和莫斯丝为主材料，松皮石上，点点莫斯，给人以荒凉之感；水草泥的牛毛毡，给人杂乱之感；松皮石有层次、角度地摆放在一起，更能体现悬崖峭壁之感，中间小石块有规律摆放能感觉出小路幽远、悬崖深邃。两侧小石块和水泥的运用摆放能感觉绵延的两座山躯，绿植与奇石的搭配，色彩的强烈对比，突出主题大寂之意。使用松皮石横着叠放在一起，跟以往观赏石的摆放不同，使之看起更有层次感与空间感。

两块巨大的岩石隔空相望，几处算得出数目的水草在岩石的背后随着水流摆动，就像是树木在空气中随风摇摆。作品构造简单却不失美观，能给人带来一种寂静的心境。看了本作品，可以想象自己瞬间化身一条鱼儿在如此安静的环境游动，心神安静。

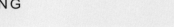

JING

获奖情况： 二等奖

作品名称： 径

作品作者： 彭晓娟　李　超　向　丹　　　　　　　　**指导教师：** 罗鸣钟

推荐高校： 长江大学

作品简介： 作品以"径"为名，"径"即是小路的意思，取材源于游览三峡过程中的景点启发。长江两岸，悬崖陡壁、怪石嶙峋，其间却有一条条崎岖的小路仿佛带领我们探索世界的奥秘，大自然的鬼斧神工激发了作者的创作灵感。该主题以青龙石为主，以少量莫斯点缀其上，在青龙石之间以化妆沙铺设一条小路，近景以矮珍珠、铁皇冠和椒草等低矮水草作为点缀构成整个景观。作品硬景的设置采用黄金比例进行设置，左侧运用黑色的陶粒、灰色的青龙石以及白色的化妆沙构造出悬崖间的小路，作为主景；右侧以几块低矮的青龙石，配以少量的莫斯和铁皇冠，作为次景。本作品的创新点在于充分考虑青龙石错落有致、层次感极佳的特点，营造出一个角度一个景，多变的立体景观。青龙石构建的悬崖峭壁象征着生活、学习的艰难险阻，而作为点睛之笔的小路则寓意着不畏艰险、迎难而上的决心。

GANGHEROU

获奖情况： 二等奖

作品名称： 刚和柔

作品作者： 姜 洲 赵 鑫 魏会哲 　　　　　　　　　　　　**指导教师：** 米佳丽

推荐高校： 河南师范大学

作品简介： 高山，正直刚毅，坚韧不屈，上面清澈的溪流倾泻而下，冲击岩石，刚柔并济，相辅相成。山脚下，古树低垂，而其旁的溪水似是历经曲折，流向远方。作品寓意着为人处世的道理，刚柔并济。其中既表现出高山与溪水各自刚与柔的个性，又凸显了两者相互融合的产物。绿草和古树，寓意唯有刚柔并济，方能兴盛繁华。作品名为"刚和柔"，"刚"体现为那几座岩石搭建的山峰和一棵看上去沧桑了多年了老树，"柔"则体现在那随水流摇曳的水草和一条潺潺的流水。这种混搭式的设计大胆新奇，但并没有混乱之感，刚柔并济，是整个作品最大的设计特点，体现了大自然的和谐。

QUANPENSHILUO

获奖情况： 二等奖

作品名称： 泉喷石落

作品作者： 王天越　王　楠　李星宇　　　　　　　　　　**指导教师：** 张　玉

推荐高校： 内蒙古农业大学

作品简介： 作品取自王维《燕子龛禅师》，"裂地竟盘屈，插天多峭崿。瀑泉孔而喷，怪石看欲落"。

全缸以青龙石为主体，构造出奇山怪石巍峨耸立的雄伟景观，加之以白色化妆沙模拟飞瀑与涓流。河中小岛的安逸景象与空中悬石的雄伟壮丽形成了鲜明对比，营造出平静而又不乏新奇的景象。

看那青色的山峰，绿色的小草，洁白的河流，欲坠而又静谧的悬石，给人以置身世俗之外，犹入桃花源。

缸中鱼儿时快时慢，嬉戏玩耍，怡然自得，快活也。石、草、鱼三体合一，创造出一幅纯洁、一尘不染的幽静水景图。

三等奖 作品赏析

LIANGGESHIJIE

获奖情况： 三等奖

作品名称： 两个世界

作品作者： 郑冠杰 钟 浪 肖 怡　　　　　　　　　　　　　**指导教师：** 江 辉

推荐高校： 湖南农业大学

作品简介： 作品的主景是利用具有凹槽造型的青龙石构造的拱形门，整个主景寓意人生有一帆风顺的道路，也有举步维艰的逆境。以主景为中心，分为左半部分和右半部分两种不同的景象。左景用青龙石、沉木、绿菊、小水榕、矮珍珠、莫斯搭建出一种舒适宁静的氛围，用化妆沙和碎石构建一种曲径通幽处的感觉；右景用带有丰富白色条纹的青龙石、牛毛毡等构造，预示着人生道路并非不是一帆风顺，需要我们披荆斩棘勇往直前。"会当凌绝顶，一览众山小。"当我们翻越了重重高山，到达山顶时，终于发现，这些当时以为无法战胜的困难最终都成为了我们成功路上的垫脚石。人生道路就像景观中从左至右的道路，首先是平坦期，接着就会遇到各种各样的荆棘和坎坷，当我们攻艰克难最终到达人生的最顶峰时，我们便可以站在山顶纵观人生的最绮丽的景象——无限风光在险峰。

LINXIYOURAN

获奖情况： 三等奖

作品名称： 林溪悠然

作品作者： 徐 刚 孙 莉 宋晓哲　　　　　　**指导教师：** 刘变枝 郭国军

推荐高校： 河南农业大学

作品简介： 作品的设计灵感来源于都市的市民对茂密的原始森林的向往。硬景观部分由杜鹃根、青龙石组成，水草选择牛毛毡、红宫廷、绿宫廷，铁皇冠、簧藻、小水榕和温蒂椒。景观采取"凹型"构图，前景杜鹃根粗壮高大，从前往后杜鹃根依次变细，营造出近大远小的幽林之感。山间小溪蜿蜒曲折，消失于缸体右侧三分之一处，林间种植铁皇冠、簧藻、小水榕、温蒂椒、鹿角铁，营造出林下茂密灌木丛的感觉。前景从左到右种植牛毛毡，后景种植红绿宫廷，几株绿松尾间插其中，有效营造出近大远小、近低远高的感觉，增加作品的景深。沿河道种植迷你矮珍珠，有效提高整幅作品的亮度。缸体右侧留白区域以青龙石组成，后景种植簧藻，两枝小杜鹃根从林间伸出。整幅作品描绘出原始森林茂密丛生、生机盎然的感觉，林间小溪蜿蜒曲折，让人顿生安静之感。作品的创新之处在于小溪尽头红宫廷的有效留白以及迷你矮珍珠的铺设，有效地增加了景深，点亮整幅作品的色彩，给人顿时有"明月林间照，清泉石上流"的幽静之感。

RULVMEIJUAN
SISHUIRUNIAN

获奖情况： 三等奖

作品名称： 如绿美眷，似水如年

作品作者： 李 文 康利利 魏宇泽   **指导教师：** 徐 灿 金曙刚

推荐高校： 上海海洋大学

作品简介： 作品的设计思路主要是围绕着青龙石进行的，青龙石置于缸的左右两侧，再结合迷你矮珍珠和牛毛毡两种强光性绿色水草的相互搭配，种于前景和中间，营造一幅清静和睦的自然风景。

一直以来，山在我们心中保持着高大的形象，它既显得厚重散发着一种令人向往的沉稳，又显得高耸让人有攀登征服的欲望。然而，青龙石山峰给我们的感觉是更加的别致，其充满各种纹路的外表令人为之着迷，自身的青色也让人不由自主地心生安逸，青龙石之间有裂缝衔接，仿佛表示在不断运动，动静结合，加上绿色水草的青绿相衬，让整个水族缸尽显静心与平和，有"悠然见南山"之意，更有"绿野仙踪"之美。

TONGHUA

获奖情况： 三等奖

作品名称： 童话

作品作者： 蔡　苗　周月朗　　　　　　　　　　　**指导教师：** 李　芹

推荐高校： 西南大学·北碚校区

作品简介： 作品灵感来源于童话里面的参天大树，并力图表现出童话里描述的直冲九霄的原始森林的意境。石头走向特殊，有意无意指向消失点，仿佛指引着通往童话城堡的道路，令人神往。景木既不是杜鹃根也不是沉木，而是由作者取自学校周围大自然森林，景木笔直，近大远小，近高远低，水草的大小分布，遵循美学的透视原理。整个景观水草，以爬地矮珍珠为主，水草种植有亮暗绿色之分别，接近草坪中央以及石头向阳区为亮绿色，接近树根以及石缝底为暗绿色，色彩反差使水草分布更加自然。最后，走完这场短暂的童话之旅，是不是让人想起儿时意犹未尽的童趣经历呢？

LIAN

获奖情况： 三等奖

作品名称： 恋

作品作者： 梅冬健　范博吖　巫丽云　　　指导教师：丁淑荃　万　全

推荐高校： 安徽农业大学

作品简介：　"惜春长怕花开早，何况落红无数。春且住，见说道，天涯芳草无归路。"辛弃疾害怕春去花落，大呼"春且住"，将自己的惜春之情表达在词赋之中；而作者将同样的情感表达在这幅水景作品当中，让春色永留人间。为此，作者运用沉木本身的厚重感与生命力旺盛的水草进行搭配，体现枯木逢春的意境，不禁让人感慨：乘舟侧畔千帆过，病树前头万木春。作品的两边支出的古树互相对望，好像在倾诉着它们对春的依恋，整个景观颜色搭配协调，生动地描绘了一幅生机勃勃的春天景象。作品的最大特点在于两块厚重的沉木，使整个景的骨架较为简单，与丰富多样的水草形成对照，使整个景看起来既不复杂也不单调。同时两块沉木上有很多洞穴，在洞穴中植入水草，给人一种老树木孕育新生命的感觉，让人感慨万千。

MOSHANGHUAKAI

获奖情况： 三等奖

作品名称： 陌上花开

作品作者： 汤蔚敏　李司棋　周吉孝　　　　　　　　　　**指导教师：** 罗　辉　周兴华

推荐高校： 西南大学·荣昌校区

作品简介： 置景过程中，挑选合适沉木以及青龙石，选好后用青龙石围好边做框架结构，在青龙石附近摆放沉木，用水草泥铺满内侧，用于固定石头及沉木，最后完善中间河流的走向，用喷雾打湿水草泥，加水种植中后景水草后抽出多余脏水，处理前景草，加满水装上过滤设备。在创作元素方面，主体上采用青龙石以及沉木作为主题结构，运用黄金分割左右比例，中间用一条湍流的河道接应两旁景观。山间中河流安静的流淌，淌绿了两岸的新木，淌红了两岸的春花，林中一条条红绿灯鱼宛如精灵般自由自在地游动，好一派静谧和谐、繁花似锦的景色。"陌上花开，可缓缓归矣。"蝴蝶为花醉，花却随风飞，花舞花落旧，花开为谁谢，花谢为谁悲，为我们讲述了一个唯美的故事。

QIANJINGZHIMEN

获奖情况： 三等奖

作品名称： 千景之门

作品作者： 金　钰　汪家伟　曾兰惠　　　　　　　**指导教师：** 徐　灿　金曙刚

推荐高校： 上海海洋大学

作品简介： 门可出入，以观千景。作品以明亮温暖的卤光灯为光源，注满缓缓流动的池水，构画了一幅安静神秘的水中美景。碧绿的四叶铁轻摇，像是随风摆动的枝条，苍翠的黑木蕨微颤，青绿的莫斯不语，漆黑的沉木静谧，细腻的白沙闪烁，一条蜿蜒的小径，贯穿了全景，既拉长了景深，又增添了乐趣，将美妙的自然美景深深呈现在眼里。水草掩映，鱼影穿梭，实之虚之，若门若梦。每一扇门，都像一段时光的断层，门的这边，是眼前光景，门的那边，是不可知的世界。每一条鱼，都有灿烂的思想，穿梭在门内门外，游弋于虚实之间。凡心之所向，素履以往；凡所观之景，始于吾心。

YINGHUOZHISEN

获奖情况：三等奖

作品名称：萤火之森

作品作者：章丽娟　蔡钱莉　　　　　　　　　　指导教师：李信书　程汉良

推荐高校：淮海工学院

作品简介：作品以森林为主题，用圆木模拟自然界的森林。作者选取大小合适的圆木数根，锯成和水景缸高度相当的长度，将较大的一端与薄木片成垂直角用钉子固定。以"前粗后细，左右对称"为原则摆放，经多次调整后，构成左边为副景，右边为主景的构架。待圆木固定后，加入水草泥，堆砌成前低后高，左右高，中间低的形态。按主次景的格局，用青龙石勾勒出溪流自丛林深处蜿蜒流淌而出的形态，后期再以碎石加以修饰点缀。硬景完成后，加水至缸三分之二处，以便种植水草。后景成簇种植红宫廷和绿宫廷，前景密植牛毛毡，模拟丛林中较矮的绿色植被；在圆木上以辣椒榕为点缀。种植不同的水草使得画面更加饱满。将漂洗刚劲的白沙沿着碎石勾勒的轮廓均匀铺撒。最后，捞取漂浮的杂质，重新换上清水。在整体布局完成之后，在水景缸中加入数尾灯鱼，犹如仲夏之夜，萤火虫于林中起舞，为水景缸增添一抹悠然自得。

TIESHUHUAKAI

获奖情况： 三等奖

作品名称： 铁树花开

作品作者： 陈凯 周楠　　　　　　　　　　**指导教师：** 王春芳　丁　森

推荐高校： 华中农业大学

作品简介： 主景为两条延绵溪流，由远而近交汇；主体以沉木构造成为一棵大树，并与右侧小树相互映衬。
主体形似开花铁树，故取名铁树花开，因为铁树开花寓意着吉祥和瑞兆，其那独特仪态和向上勃发的奇特性，
给人蓬勃生机、积极奋进的美好感觉。铁树开花又寓意着一切美好的事物最终都会开花结果，有一个美丽的邂逅。
作品传达给人的除了自然的生动气息外，还有把美好祝愿送给人们和送给水族动物们。这也符合人的心理需求，
在这一个纷繁的社会寻求一处心灵寄托。

YOUJING

获奖情况：三等奖

作品名称：幽径

作品作者：张泽达　韩　璐　谭贝贝　　　　　　指导教师：王亚军　谢果凰

推荐高校：宁波大学

作品简介：作品选材主要是以青龙石为基座，杜鹃根与沉木为形体；在木根的周围培植细叶铁皇冠、小叶榕、绿宫廷、水罗兰等不同种类的水草。

作品以幽径为题，以沉木作为景观结构，充分展现天然木根斑驳苍老、盘曲交结的本真形态。再在木根周围培植繁密的水草，用绿色水草的蓬勃生机与木根的岁月沧桑感形成对比。最后在两座木根景周围造出一条深幽小径，将整个水景箱的视线延伸至远处，让整个景观更具层次感与空间感，而这也就是作品的主题所在。

整个作品被这条幽径从中间分割开，使整个景观更加立体形象。树枝和水草搭配得当，相互映衬，使整个水族箱更加生机勃勃。小径在视觉上给人一种深邃感，增加了观赏者对作品的兴趣。

XIAOSHITANJI

获奖情况： 三等奖

作品名称： 小石潭记

作品作者： 古丽鲜　高怡洁　冯程程　　　　　　**指导教师：** 周　贺

推荐高校： 大连海洋大学

作品简介： "下见小潭，水尤清冽"是空灵的树脂水潭，使用了树脂层层叠加，用丙烯在其中绘制出立体的蓝色斗鱼技术，放在装满水的鱼缸中，既明显又独特，上方的拱形沉木横跨其上，达到平衡画面，体现空间感的作用，是整个造景的灵魂所在。"四面竹树环合"是坚固挺拔的铁架竹林，使用铁丝把竹子的根部固定，分为三个一组，既可防止竹子浮起来，也可形成稳定的优美形态。其中搭配竹叶水草种植，可以凸显竹林的茂密效果。水草的使用，主要运用了牛毛毡作为前景，搭配小榕穿插其中，营造一种森林幽静的感觉，也使其更加贴近《小石潭记》的原文描述。

巨龙沉睡之地
JULONGCHENSHUIZHIDI

获奖情况： 三等奖

作品名称： 巨龙沉睡之地

作品作者： 刘思琪　张桐玮　桑　勇　　　　　　**指导教师：** 储张杰　牟　毅

推荐高校： 浙江海洋大学

作品简介： 山川分两仪之形，草木秉四象之势，有无相生，虚实相形，万物初始之所，巨龙沉眠之地。青龙为木，龙骨草木萌发，暗示正在醒来。作者在作品中融合了诸如周易在内的传统元素，将近处沉睡着巨龙的高山视为阳，将俯瞰而下的平原视为阴，其主分界线借鉴两仪分界的弧度，并将线两起点分别置于黄金分割。此外，高山之上的小片平原与平原远处高山分别对应四象中少阳少阴。河流将平原分为三部分，龙骨将高山分为内外两部分，对应三才五行之数。近处巨龙为有，远山为无，但将透视的理念应用之后，远山就真的没有龙吗？以此表达有和无的概念。平原部分作者参考国画山水的平远法透视表现形式，尝试将原本为前景草的矮珍珠和挖耳草后置，用以表现远处的森林。而近景则采用叉柱花、羽裂草和绿温蒂椒草等较矮的品种，表现从高处俯瞰下方森林的效果。

MIAOSEN

获奖情况： 三等奖

作品名称： 淼森

作品作者： 郑胜放　朱晓倩　郑雅贤　　　　**指导教师：** 赵会宏　孙红岩

推荐高校： 华南农业大学

作品简介： 从创作一开始，作者立意就围绕着"大自然是最好的灵感源"而展开，此次造景的灵感就来源于亚马孙的热带雨林。以大自然的景色为创作灵感来源，才能更好地将大自然搬进水族箱中，带到办公室、家里，让平时工作繁忙的朋友、家人能近距离感受到大自然的美、大自然的活力，从而放松身心。淼森，听其名可知，是水中森林，意在创造出一片水下"亚马孙之森林"。在亚马孙热带雨林地带的深处，在地球之肺的底部，暗绿色的蔓藤交相缠绕着百年大树粗壮的茎脉，在森林与外界接触的地方，延伸出几根错落有致、形状优美的年轻蔓藤，镶嵌在其周围的是各种各样的热带植物，相互映衬着彼此的美。放眼望去，整体磅礴大气，局部也不失精美，好一幅充满活力的幽暗密林图。

QIHUANCONGLIN

获奖情况： 三等奖

作品名称： 奇幻丛林

作品作者： 李家鑫　兰晓影　毛亚宁　　　　　　　　　　**指导教师：** 崔　培

推荐高校： 天津农学院

作品简介： 我们都有一个冒险梦，想去一个没有高楼大厦、没有工厂雾霾、远隔离人世间的世外桃源，去感受冒险带来的感官刺激，在阳光下撒欢奔跑，拥抱大树，拥抱一个神秘的新世界。我们喜欢自由，喜欢灌木丛林，喜欢传说中的深山老林。大自然中巧夺天工的奇趣妙景总是随处可见，一山、一石、一泉、一木，或花或草，皆是景。作者想把自然呈现给大家，希望大家不要忘记自己心中的欢喜的景和想要的生活，还有诗和远方。作者想构造一个世外桃源，用石头做底座，用沉木做主体，在灌木丛中还要有一条路，那条路可以通向人们梦想的彼岸。灌木丛应该是热闹的，所以在沉木周围栽种了小细铁、小水芹等常见的水草，以莫斯打造石头满布青苔的模样，最后作者用暗黄色的小碎石铺路，使梦想之路更加明显。不过，任何事情都不是一帆风顺的，作者用沉木做一个小的拦截，使路对人有艰难险阻的意境；此外，还选择让路斜着，从正面只能看到半条路，让人多一分好奇。

INFINITY

获奖情况： 三等奖

作品名称： ∞

作品作者： 张 彤 魏呈卉 尹 雪 　　　　　　　　**指导教师：** 姜志强

推荐高校： 大连海洋大学

作品简介： 最初的创作灵感来源于一款闯关游戏，名字用"∞"，这个无穷大的数学符号主要想表达它有无限的可能。
用水草缠绕杜鹃根做成错综盘缠的树枝显出生机盎然，用黄白沙铺设溪流通向远方增添幽远深邃，用多种颜色
水草渐变铺设水底，丰富缸中的色彩。后景设计一个丛林深处的感觉，仿佛蕴藏着无限的可能让你去探索追寻
未知的事物，如作者的主题一样，只有闯过无限多的困难险阻，才能到达理想的远方！
水族箱一片勃勃生机，有着追求理想、积极向上的创作思路，给人一种活泼喜悦，对未来充满希望和幻想，促
使人进步、努力、勇敢向前。可放在办公室、卧室等很多地方净化空气、供人欣赏，同时还能给人以鼓励和希望！

ZAISHANDENABIAN

获奖情况：三等奖

作品名称：在山的那边

作品作者：蔡　毅　谢启明　　　　　　　　　　　　指导教师：丁淑荃

推荐高校：安徽农业大学

作品简介：在作品中，作者采用青龙石、莫斯及绿藻球的搭配，创造出在山的那边延绵不绝的山脉。作品的灵感来自于作者两人临黄山顶峰时看到山那边的景色。在山的那边，烟波松涛，险峰延绵，千奇百怪，却又相得益彰，更显"无限风光在险峰"。首先，规划好景观的整体布局。因为作品制作之后，整体呈冷色调，与所要表达的主题意境不一致，因此作者决定在缸体前部铺以化妆沙呈现出河流平原的样子，以提高整个景的色彩度。其次，景物的摆放。为了避免水草泥与化妆沙混在一起影响美观，作者用一些碎小的青龙石以固定水草泥；将填充物放好，铺上少许水草泥，然后摆放青龙石，并加以固定，青龙石之间交错相接。然后，将碎小石头绑上莫斯，使险峰下的山丘不突兀，自然一气；青龙石上栽以绿藻球、山下碎石点缀以莫斯、山峰脚下种以天胡荽，清新自然；化妆沙所做的河流尽头栽以小水兰，若隐若现，再加入几块碎石，激流险滩，更加真切自然，给人以想一探究竟的感觉。

CENCI

获奖情况： 三等奖

作品名称： 参差

作品作者： 林航宇　王灵钰　　　　　　　　　　　　　　**指导教师：** 李　芹

推荐高校： 西南大学·北培校区

作品简介： "浓似春云淡似烟，参差绿到大江边。"诗句取自纪昀的《富春至严陵山水甚佳》，意思是"好似春天的云彩那样浓厚，又好似薄烟清淡，绿树的长短影子映在江面上"。作者运用沉木搭建出高低错落的枝桠，搭配迷你矮珍珠、水兰、辣椒榕、宫廷等多种水草，营造出浓厚的绿色，给人以朝气勃勃、耳目一新的视觉体验。采用凹形的构图技巧，两边的沉木向中间回拢，巧妙地将视觉焦点放在中间搭成的洞中，同时种植牛毛毡在洞底，给人以朦胧的美感。

缸体的最前方是细沙铺造的江河，沉木犬牙交错于江河的岸边，打造出一幅参差不齐却又优美的画卷，以抽象的方式表达了诗句中的美丽风景，将想象化为了现实。

YINGJICHANGKONG

获奖情况：三等奖

作品名称：鹰击长空

作品作者：黄小霞　张　峰　韦永春　　　　　　　　　指导教师：董少杰

推荐高校：天津农学院

作品简介：造景用了千层石，石质坚硬致密，外表有很薄的风化层，比较软，石上纹理清晰，恢弘自然，易表现出陡峭、
　　　　　险峻、飞扬的意境。全景采用绿色系水草做景，给人以高山流水、归游自然的欣悦之感。采用千层石和绿草结合，
　　　　　碧玉妆成，白云携着气泡蹿上长空，这是一份对自然的敬畏之情。生命不息，共生共长，鱼虾螺和谐浑然天成，
　　　　　律动的鳍条伴着富有节拍的步足，匍匐地爬进演绎百态千姿。一层层嶙峋的石头是历史的年轮，自然的馈赠。
　　　　　看底泥上的牛毛毡，突兀的站着，像针尖如细丝。渴望如一尾酣畅的鱼虾，随心所欲翱翔浅底，也可做鹰击长
　　　　　空的姿态，在自然中不息，一代一代，待到岁月孕育盎然生机，以白云蓝天为伴，努力生长！

YINIANZHIJIAN

获奖情况： 三等奖

作品名称： 一念之间

作品作者： 张 良 刘 爽　　　　　　　　　　**指导教师：** 王春芳 丁 森

推荐高校： 华中农业大学

作品简介： 作品的主题为"一念之间"，体现的是："苦乐无二境，迷悟非两心。一念天堂，一念地狱。"
左边，以红色为基调，松皮石搭建险峰，小红莓、红蝴蝶等点缀其间，火红之色，寓示热烈；右边，以杜鹃根为主调，作为生之气息的汇聚。顺河道以矮珍珠延伸，铺垫生机，再配以水榕、南极衫、水兰等，层次渐进，生命气息愈加旺盛。左右两边杜鹃根在河道上方的两根树枝干遥相呼应，天堂与地狱间亦有牵连。
左右两边的景互相映衬，用左边的景色衬托右边的生机勃勃，右边的景色衬托左边的深邃寂寥，左右看似差别很大，实则只在一念之间，从而很好地展示了作品的主题。

水帘洞天

SHUILIANDONGTIAN

获奖情况： 三等奖

作品名称： 水帘洞天

作品作者： 王喜超　丁　旺　张文平　　　　　　　　　**指导教师：** 李信书　程汉良

推荐高校： 淮海工学院

作品简介： 作品将其命名为"水帘洞天"，其灵感来自花果山水帘洞。古云："冷气分青嶂，余流润翠微。潺湲名瀑布，真似挂帘帷。"

前期准备工作中，作者精心挑选了各类石头、沉木、沙以及水草，瀑布是以 PVC 管、漏斗以及水族气泵制作而成，利用气泵将沙送至高处让其自由落下，以形成流动感，经过大量的实验、修改，最终完成装置的改装，并用发泡剂将装置粘在泡沫板上。瀑布位置选择放在右侧，避免其掩盖住其他的景色，泡沫板上定以山石，制造出水流撞击石头的动态感与真实感。景左边至中间则营造山石之美，使之有"洗尽嫣红别样妆，天生丽质斗芬芳"。为营造这种美感，作者特地到了花果山进行拍摄，研究山石特点与草木长相，最终反复修改完成这幅作品。最让欣赏者睹景生情，脑中不由浮想出阡陌纵横，郁郁葱葱；耳中似乎也有了涛声阵阵，潺潺流水。

GUITU

获奖情况： 三等奖

作品名称： 归途

作品作者： 饶 远 刘畅子 叶祥益   指导教师：郑曙明 吴 青

推荐高校： 西南大学·荣昌校区

作品简介： 作品灵感来源于宋代游子陈杰归途中所咏诗句的意境，其诗云"少日经行浑草草，暮年归路不胜情"。
作品主要描述初秋时节游子归乡途中的山林景色，山石以松皮石为主，松皮石的纹路及色彩能很好体现秋季山峰的特点。整个布置骨架分为三个山峰群，营造出山峰形态的各异。两条山峰间的路是由黄沙铺成，用碎石修饰路的边缘轮廓，路整体较平整，从而展现归途的顺利及喜悦心情。
为了体现秋季山林色彩的变化，水草前中景主要为矮珍珠、簧藻，后景从绿宫廷过度到红宫廷。创新点在于通过归途中的山林由翠绿转为红来体现时光流逝，游子由离家时的懵懂到归家的成熟。此景可普遍用于家居陈设，更适宜于离乡之人寄托乡愁。

ZIGUISHENGJING

获奖情况： 三等奖

作品名称： 秭归胜景

作品作者： 王柏焱　韦奇志　　　　　**指导教师：** 王春芳　丁　森

推荐高校： 华中农业大学

作品简介： 作者暑假参加了野生动物调查项目，在鄂西部度过了一个月。在项目进行期间不仅观察珍稀野生动物，也看到了大自然的美。这些不出名的山水，成了本作品的灵感。作品左右两侧用青龙石堆砌出巍峨的山脉，中间的峡谷被山峰余脉遮挡，隐隐约约，依稀可见。秭归属高山地貌，山间植被为阔叶混交林，作者特意用北极杉来表示出松树杉树等针叶树种，用簧藻和铁皇冠等来表示阔叶林。左右两边基本对称，整幅景观采用小型水草的柔来衬托岩石的刚劲，看起来更加和谐唯美，让人看了心情更加愉悦。

TIANKONGZHICHENG

获奖情况：三等奖

作品名称：天空之城

作品作者：赵华花　王梓莹　焦琳迪　　　　　　　指导教师：王亚军　谢果凰

推荐高校：宁波大学

作品简介：作品灵感来自于宫崎骏的动漫《天空之城》，其中就有一座飘在天空中的小岛，里面有美丽的城堡。
作品所展现出来的就是一个人迹罕至、没有贪婪和利益之争的世外桃源。但是，在宫崎骏的动漫里，这座小岛
最终因为海盗的进入而崩塌了，有人说，这是一场末日的预言。整个作品的景色都集中在中心，四周空阔，更
具立体感，更具想象空间之灵动。漂浮在水中的树发人深省，意在告诉人们，再美好的景色也会被破坏，呼吁
人们保护环境——如果人类再这样毫无节制地破坏环境，再美的风景也会灭迹。

黄河之水
天上来

HUANGHEZHISHUI
TIANSHANGLAI

获奖情况： 三等奖

作品名称： 黄河之水天上来

作品作者： 陈荣娴　蔡　健　毛非凡　　　　　　　　**指导教师：** 张健东　孔　华

推荐高校： 广东海洋大学

作品简介： 在完成作品前，作者选用过各种类型的石头搭建，发现不太合适，于是拆了重建。在有限的材料下，作者最终决定选用木化石来搭建黄河之水天上来的景象。在结构设计上，河水顺势流下有高低层次感；有峡谷河流，三条河流汇在一起，体现河流之势。

在色彩上，石头、沙子的黄色和水草的绿色搭配，对比强烈，在水中相得益彰，渲染出荒凉辽阔之意境。本景观粗犷而又不失绿意，较适合暖色系氛围。而作品主题又是黄河之水天上来，自然留给人一种积极奋进的主观感受。

HENJI

获奖情况： 三等奖

作品名称： 痕迹

作品作者： 揭育鹏　张毅伟　黄杨美迪　　　　　　**指导教师：** 王淑红　陈静斌

推荐高校： 集美大学

作品简介： 原来一片青葱繁茂，现只剩残根杂草，是什么让这样的青葱变成了现在的荒凉之境。作品思路起源于经台风"莫兰蒂"肆虐后的厦门，曾经的花园城市变得一片狼藉，道旁树错乱交织，纵然参天大树也被无情折断。然而，台风并没有卷走人们对美好生活的向往。作者发现树的断层长出了新芽，似乎是来弥补"莫兰蒂"的野蛮粗暴，后续来临的台风"鲇鱼"不仅带来了温和而适量的雨水，也带来了抚慰。忽如一夜风雨来，千树万树发新芽。这嫩芽就像一首绿色的小诗，它昂扬向上，对美好生活的向往生生不息。这也正是作品主题给我们带来的生活的启示。作品采用细叶铁、黑木蕨、小水榕、绿九冠、红温蒂椒草、青龙石、杜鹃根，先用沙铺底层，用青龙石和杜鹃根搭建基本骨架，最后辅以各类水草，既创造出沧桑中饱含生机的感觉，在带来生机的同时又向我们展示了生命的顽强与不屈。

QINGQIU

获奖情况：三等奖

作品名称：青秋

作品作者：付正祎　高熠竹　郑智　　　　　　　　指导教师：韩雨哲

推荐高校：大连海洋大学

作品简介：作品以秋天清晨森林的景致为灵感来源，薄雾蒙蒙，霜挂枝头，青苔满地，营造一种清幽空灵而又不失生命力的意境。主要骨架采用杜鹃根和越南硬木枝，树梢树叉部位粘白沙模拟挂霜。底床铺设向前微倾，粘有绿藻球的卵石铺满，前景布置粘有珊瑚莫斯或鹿角苔的层叠石。树木和石块营造近大远小、近高远低的层次感。

画面则是颠覆了传统的景观设计，以并不茂密的树枝为主体，微微的薄雾带来一种真实却又朦胧的自然之境。秋天的清晨本就是一个不易捕捉的景象，作品能将这一景象体现在水族景观中可谓是一个大胆的创新。

MIQINGYAMAXUN

获奖情况： 三等奖

作品名称： 迷情亚马孙

作品作者： 王睿翀　袁金海　陈植坡　　　　**指导教师：** 赵会宏　孙红岩

推荐高校： 华南农业大学

作品简介： 作品的设计灵感来源于亚马孙原始森林，采用多种类水草，极大化地还原了原始森林的景象，使人有一种身临其境的感觉。作品采用左后右前的整体构架，突出视觉景深效果，在视觉上带给人们一种真实的立体感。中间是一条若隐若现的溪流，从树林深处流出来，给人一种神秘的感觉，让人有一种想走到溪流的尽头赏景的冲动。两块精挑的杜鹃根，在其上面粘上大三角莫斯，加上黄金榕和辣椒榕的点缀，营造出参天大树的葱郁景象。左右的高地上种了矮珍珠、牛毛毡做前景，大皇冠、细叶铁和绿菊做中后景，更点缀了景观，在细节处提升美感。创新点在于右后方摆放了几块独特的青龙石并粘上小三角莫斯和绿藻团，这是亚马孙森林里所没有的，青龙石的蓝青色衬托了森林的绿色，加强视觉冲击力。

SHENLINRENBUZHI

获奖情况： 三等奖

作品名称： 深林人不知

作品作者： 雷婉格　张佳慧　卢　睿　　　　　　**指导教师：** 王淑红　陈静斌

推荐高校： 集美大学

作品简介： 灵感来源于《兰亭集序》中作者王羲之对会稽山的描写，并以沙子、鹅卵石、沉木、杜鹃木为主景材料。
林中小溪，利用光线营造出早晨阳光刚刚照射到这片树林的梦幻场景灯光：尼特利全光谱 LED。
巧妙利用藻球、垂泪莫斯、珊瑚莫斯、大三角莫斯、南非莫斯等水草，并加以色彩搭配。
南非莫斯搭配鹅卵石和杜鹃木做出密密层层的树林，营造出森林深处树影婆娑、幽静深邃的氛围，玻璃沙铺就的小溪，由树林深处缓缓流动，在树林中曲折蜿蜒。

YISANXIA

获奖情况： 三等奖

作品名称： 忆三峡

作品作者： 姚思萌　姜永志　赵　雯　　　　　　　　　　**指导教师：** 毛明光

推荐高校： 大连海洋大学

作品简介： 作品取景于三峡，再现"两岸猿声啼不住，轻舟已过万重山"的意境。三峡的美在于它的重峦岩叠嶂，在于它的壮丽，
作者选用木化石、矮珍珠等将三峡重峦叠障、绿树翠蔓展现得淋漓尽致。此外，三峡的美在于它生长在陡峭的
山岩上的树，在于它如同那青色的岩石一般、坚硬、挺直的叶子。
三峡是大自然造就的杰作，也是中国的幸运与骄傲。数亿年的沧桑造就了木化石，使之不仅保持着树的灵性，
更具有石的魂魄。选用木化石为主造景，让人感受到来自大自然的纯净。选择阶梯式布景法，将木化石摆放在
两侧，高低层次体现出三峡的重峦叠嶂，选用不同的水草，搭配结合，体现出绿树翠蔓的无限生机，身影似雁
的斑马鱼，在上层游动，似天边飞过的鸿雁，动静结合，体现出无限生机与美感。

MOHUANXINGQIU
PANDUOLA

获奖情况： 三等奖

作品名称： 魔幻星球　潘多拉

作品作者： 史栩柏　李小红　李　程　　　　　　　　　　**指导教师：** 周　贺

推荐高校： 大连海洋大学

作品简介： 作品灵感来源于电影《阿凡达》中的魔幻星球潘多拉。潘多拉星球是一个长着茂盛的花草树木、有许多珍禽异
　　　　　　兽的地方。说到魔幻我们会想到"悬浮"的状态。作者选用的石材是悬浮石和青龙石，来营造奇幻的空中悬石，
　　　　　　悬浮石上又采用三角莫斯，这种墨绿色给人神秘的感觉。水草前景用的是爬地矮珍珠，嫩绿的圆圆的小叶子颇
　　　　　　富生机活力；后景使用波浪草，这种翠绿的修长的叶子给人舒服的视觉感受。神秘水草为小喷泉水草，它与悬
　　　　　　浮石相连，使水草缸活了起来，选用的鱼为红笔剪刀鱼，红色与绿色形成了色彩上的冲击力。天空中漂浮的巨
　　　　　　大的山脉，虚空中飞泻而下的千丈瀑流。　这奇幻的的美景，潘多拉星球上的"悬浮"，仿佛依赖于那洪荒之力！

MENGZHONGXIHU

获奖情况： 三等奖

作品名称： 梦中西湖

作品作者： 张明智　杨雅迪　相明玥　　　　　　　　指导教师：魏佳敬

推荐高校： 大连海洋大学

作品简介： "欲把西湖比西子，淡妆浓抹总相宜。"大自然真是巧夺天工，有限的空间，无限的风光，天上瑶池也不过如此。眼前盈盈清波，处处美景，让人深深地沉醉了，醉在这湖光山色里。灵感来源于美丽的西湖。

作品采用杜鹃根为主景观，两棵杜鹃根交相呼应、交错相间。缸体中部三分之一采用白沙制造出水往低处流的意境，三分之一又近似于美学概念中的黄金分割点，使得整个水草景更具美感。两棵杜鹃根留白的地方，能够留住观赏者的目光，使水景给观赏者一种更深远、更悠扬的感觉。左右两边的红宫廷，又给这位西子抹上了腮红，让人从心底欢喜。不过，作者把西湖的美景搬到水缸里，意在给人一种想去西湖的冲动。

优秀奖　作品赏析

全国大学生第三届水族箱造景技能大赛
THE THIRD NATIONAL COLLEGE OF AQUARIUM LANDSCAPING SKILLS CONTEST

SHANGAOSHUIKUO

获奖情况： 优秀奖

作品名称： 山高水阔

作品作者： 张 洋 张 进 田荣花　　　　　　　　**指导教师：** 周兴华 罗 辉

推荐高校： 西南大学·荣昌校区

作品简介： 作品设计灵感来源于庐山瀑布，追寻李白"飞流直下三千尺，疑似银河落九天"的豪迈。

作品选用青龙石做骨架和主景石，其形高直，纹路自然，色泽深邃。水草使用了绿菊、小宝塔、矮珍珠等，前二者茎长叶茂，密种如林；后者为爬地矮珍珠，平铺于山前河边，犹如草坪。用过滤棉和棉花结合做出静态瀑布，处理棉花的褶皱，使其有水流奔涌的感觉。

整体构造均匀分布，瀑布立于黄金分割点处。山石的深邃，水草的翠绿，瀑布和江河的洁白，色彩对比强烈，使人印象深刻，眼前一亮。以庐山的生态文化为创新点，展现庐山瀑布的宏伟壮观、一泻千里，创作出山高水阔的庐山景观，可用于公共场所展示及家居美饰。

LVJING

获奖情况： 优秀奖

作品名称： 绿境

作品作者： 周清牙　孙正琼　林诗怡　　　　　　　指导教师：吴　青　罗　辉

推荐高校： 西南大学·荣昌校区

作品简介： 作品灵感来源于自然界森林景观的演替变化，森林、黄土、海洋之间有着神秘的联系。作者选用了两根较大的沉木和一些小的枝条，模仿一个原始感比较强的自然景观，不知道是自然因素还是人为因素，几棵古树倒下，或许是枝条的支撑，或是地形的作用，倒下的地方出现了一个树洞，由外及里延伸，深邃不可及。慢慢的一条小溪从树洞下流过，万物开始生长，不仅是土壤中，连枯木上也长出了植物，最后演变成一片欣欣向荣的景象。拨开被藤蔓层层环绕的枯木，感受自然界的演替历史，作者造景的过程也是一个沧海桑田的变化、一个从无到有的过程。运用几根沉木进行搭建，用水草进行修饰。本次造景用了矮珍珠、大青叶、黄金榕、红雨伞等水草，相互衬托。以枯木逢春为创新点，从河流山川、日月星辰、花草树木到飞禽展翅，展示自然界生命力的强大，"木欣欣以向荣，泉涓涓而始流"的自然景观。

WULINGYUAN

获奖情况： 优秀奖

作品名称： 武陵源

作品作者： 熊宝仪　卢小利　孙艳芳　　　　　　　**指导教师：** 徐　灿　金曙刚

推荐高校： 上海海洋大学

作品简介： 灵感来源于一首诗《七律·张家界游》，诗中写道："壁立无坡峰似笔，岭幽有路曲如虹。沧桑藤木飞千瀑，迷乱烟云锁万重。"作品以走进张家界的所见，仿佛置身于一幅水墨浸染的画图中。作者为缸以三七分，左侧群山多于右侧，崖山采用的石头为松皮石。这种石头表面有很多小孔，石皮似松，可以体现山峰苍劲恢宏的气势。群峰林立，宛若刀削斧劈，崖身斑驳陆离。为了营造崖间翠绿的感觉，作者将莫斯填在松皮石的一些小洞中，同时远处的山峰用藻球盖住部分，营造出一种若隐若现的朦胧感。山峰由低到高，两侧的山像两边敞开，留下一条林荫小道，底泥中铺满迷你矮珍珠，然后道路两旁种植牛毛毡。缸的最前面的两角落种上竹簧草，然后交替种植红宫廷、绿宫廷、红松尾、绿松尾，红绿相间，相互映辉，色彩斑斓。在山崖的间隙处种上藻球或细叶铁，这样就营造出一个曲径通幽处的武陵源！

LVYEXIANZONG

获奖情况： 优秀奖

作品名称： 绿野仙踪

作品作者： 刘前程　徐　硕　白　楠　　　　　　　　　　　**指导教师：** 张　玉

推荐高校： 内蒙古农业大学

作品简介： 现代人的生活大多忙忙碌碌，没有时间停下脚步去欣赏沿途的风景，常常忘记大自然的美丽。
作品采用了简单的松皮石来表现简朴的青砖瓦房，迷你矮珍珠和宫廷等水草去表现绿，浓浓郁郁的绿，层层递进，结合岩石穿插，动静结合，错落有致，俨然一副秀丽山水画。
作者将大自然的万千变化装进了水族箱，让每个身心疲惫忙碌了一整天的人，从视觉直到身心都得到放松。辽阔原野，生命繁茂，枝叶参天，鱼翔浅底，一切都源自于水，源自于对大自然无尽的爱。

WULANCHABUCHUN

获奖情况： 优秀奖

作品名称： 乌兰察布·春

作品作者： 余健煜　迎　归　叶芝林　　　　　　　　　**指导教师：** 张　玉

推荐高校： 内蒙古农业大学

作品简介： 以河沙为底基，青龙石为骨架，前景以泰国沉木为装饰的新春树木和迷你矮珍珠、牛毛毡，并用莫斯修饰。

灵感来源于一次春游的经历，位于乌兰察布市集宁的一处山景，春光四溢，绿芽初冒，生机勃勃。这是内蒙难得且短暂的春景，也是难得春光乍现的惊艳。

如今一座座楼房拔地而起，是那么的醒目，一位桥西的老人曾这样说：桥西是集宁的过去，桥东是集宁的现在，新区是集宁的未来，话语中透出一种无奈与失落。生活在高楼林立的都市，我们也渐渐遗忘了大自然的美丽。

FENG

获奖情况：优秀奖

作品名称：峰

作品作者：田仁周　杨钧渊　张　弛　　　　　　　　指导教师：徐　灿

推荐高校：上海海洋大学

作品简介：庐山东南五老峰，青天削出金芙蓉。九江秀色可揽结，吾将此地巢云松。——李白《登庐山五老峰》
整个景观通过石头的组合摆放，以坐落于庐山东南一隅的五老峰作为意境，层峦叠嶂，耸立如青天以风雷雕刻
而成，宛若绽放的金色芙蓉花，大巧不工，浑然天成。右侧的组合，竭力地探向主峰，表现出极强的张力，更
衬托出了主峰的雄浑。缸底以珍珠草密布，勾勒出如苍莽大地般的意境，从五老峰向下俯瞰，九江一带的秀丽
景色一览无余。岩壁上以草点缀，放眼望去，有如庐山绝壁上顽强生长的青松，奇崛突兀，直入云霄。诗人李
白更是将此庐山景致视作自己隐居的好去处，巢居于云松，颇有物外之趣。

LONGMENLVYE

获奖情况： 优秀奖

作品名称： 龙门绿野

作品作者： 黄莎妮　杨　蕾　林鑫辉　　　　　　　　　**指导教师：** 宋东銮

推荐高校： 河南师范大学

作品简介： 俗话说，鱼跃龙门，过而为龙，唯鲤或然。

作品从《鱼跃龙门》的神话故事中获得启发，作品以杜鹃根为主体材料，相连接成为拱状结构，此处两"山"壁立，河处其中，赛约百步，两岸断壁，状尽斧凿，形状似门，故称"龙门"。龙门喻似着人生中的一个门槛，过而成"龙"，后方的水草寓意着忍受伤痛，坚持跃过龙门后腾达的生活。

整个作品表达着一种逆流前进、奋发向上的精神品质，犹如鲤鱼跃过龙门而成为龙一般，生活上有所质变。

XUNJING

获奖情况： 优秀奖

作品名称： 寻境

作品作者： 李文杰　黄家豪　叶志丽　　　　**指导教师：** 赵会宏　孙红岩

推荐高校： 华南农业大学

作品简介： 作品的构思源于自然，力图营造一幅刚柔结合，充满生机的造景画面。作者选取青龙石为骨架，通过倾斜摆放于缸体两侧，并用了一块巨大的青龙石凌空突出坡体，给人以犀利壮观的视觉冲击。在中间，用一枝前倾的泰国树杆粘上柔绿的珊瑚莫斯，"种"出一棵生机勃勃的希望突破这片小景向外传播绿意的大树，还通过在树根部加上富有造型的细长杜鹃根，延伸到岩石下，并加上莫斯，形成上面大树的明亮和岩石下面幽暗在亮度上的鲜明对比。在黄金分割的位置上，用黄沙营造了一条微微曲折的山间小径，沿坡向前方延伸且在缸体尽头拐弯，在小径前方是一块三角形留白，给观画者以神思的空间。在小径尽头，作者在路两边的岩石上粘上莫斯，生长茂盛的小草给予小径和拐弯处适度的遮掩，引发观者的探索径后精彩风景的欲望。作品整体给人一种清新脱俗的美感，巨石与大树从中脱颖而出更给人一种壮观的视觉效果，创新点在于运用一棵茂盛的独树，从凌厉的石体景观转换到充满柔和气息的绿树和山间小径，层次分明，过度自然。

GUSHU FENGCHUN
ZHAN XINYA

获奖情况： 优秀奖

作品名称： 古树逢春绽新芽

作品作者： 段胜华　李银康　牛晓峰　　　　　　　**指导教师：** 宋东鋆

推荐高校： 河南师范大学

作品简介： "白发崔年老，青阳逼岁除。"绿，寓意着新生，象征着活力。

作品使用两棵苍老的古树扎根青石，枝盘叶绕，相互依偎，一条蜿蜒的河流从中间穿流而过，随着时间的流淌，在岸边的青石上留下了岁月的痕迹，象征古树沧桑的生命历程，而古树的新芽，又象征着古树的勃勃生机。

整个作品以古树为焦点，凸显古树的顽强生命力。前景种上牛毛毡，点缀着大地。红绿交映的中景草，给作品增添了丰富的内容。河流根据透视原理前宽后窄蜿蜒曲折，体现出溪流源远流长。

SUOWEIYIREN
ZAISHUIYIFANG

获奖情况： 优秀奖

作品名称： 所谓伊人，在水一方

作品作者： 李金辉　李　霞　田璐瑶　　　　　　　　　　**指导教师：** 冯军厂

推荐高校： 河南师范大学

作品简介： 一切景语皆情语，说的是以景传情、触景生情。作品通过景来表达我们对祖国大好河山的情愫，传达出作者关于景观设计的理念。

作品以杜鹃坐落于河流两岸为焦点，并用青龙石来衬托河流的汹涌。山刚水柔，以中国传统水墨画的主要素材为背景，而又突显出两株杜鹃根，这样杜鹃根以其交错纵横的身姿，给人以热烈张扬的生命动感，提升整个景观的生命之美。同时点缀一些零星的植物，更增添画面真实感。

整体采用三角形和师法自然的设计原理，杜鹃根层次错落，遥望相呼，却难以相拥，给人幽凄美感。河流采用前低后高、前大后小的原则，岩石相配，蜿蜒曲折，河流由柔化刚，大有"上善若水"的意境。

HENGLINGCEFENG

获奖情况： 优秀奖

作品名称： 横岭侧峰

作品作者： 严武科 陈富 王菁 　　　　**指导教师：** 王海燕 孔华

推荐高校： 广东海洋大学

作品简介： 作品主体是由青龙石构成的三座山峰，其中主峰符合黄金分割，底部陈铺矮珍珠，莫斯点缀山峰，意在体现山的宏伟，树木的茂密，营造出生机盎然的意境。山谷之间有蜿蜒的河流，自山后缓慢流出，而后汇聚在一起，缓缓向前，营造出景深，构成一幅纵深、开阔的山水画面。石上条纹各异，鬼斧神工，正面观是孤耸的山峰，侧面观则是层次分明、重峦叠嶂的连峰，所以将其命名为《横岭侧峰》，力图再现苏轼《题西林壁》——"横看成岭侧成峰"的意境。作品没有采取传统密集式的造景风格，山的底部没有多加修饰，仅以矮珍珠和凌乱的石头点缀，洒脱自如，为观赏者留下遐想的空间；因其简约大气，曲径通幽，占空间相对较小，可作为公园等人流量大的地方的装饰品。

DAHONGYAN

获奖情况： 优秀奖

作品名称： 大红岩

作品作者： 范晨曦　王洪斌　余紫娟　　　　**指导教师：** 王亚军　谢果凰　杨　锐

推荐高校： 宁波大学

作品简介： 设计灵感来自组员王洪斌家乡的著名景点——大红岩。为了能将这一恢弘的景观复制到水族箱中，为了展现神奇的丹霞地貌，采用了以红色为主的岩块——木化石堆砌成缩小版的大红岩景观。

中国地大物博，自然景观也是千姿百态，群山峻岭中大红岩宛如鬼斧神工之作。为了造景的逼真，在采用大缸力求景深的同时，用红色的水草作为装饰，以达成完美复制。创新利用镜子制作湖面，使两岸的大红岩景观微缩到倒影中，展现一个别样的水底世界。在现代水族箱造景中大都以绿色为主色调，而本作品以红黄等暖色调作为主色调，在各色水族箱中可以算是比较创新的一种尝试与突破，较往常的景有一种暖意，更让人陶醉在美幻的水族箱景观中。

SHUIMEIRENSENLIN

获奖情况： 优秀奖

作品名称： 睡美人森林

作品作者： 张桐玮　刘思琪　刘新奇　　　　　　**指导教师：** 高　阳　姜华帅

推荐高校： 浙江海洋大学

作品简介： 作品按照黄金分割点进行布景，水草使用椒草等绿色系水草为主，期间搭配红色系水草进行点缀。水草的栽植更加凸现了景深。整幅作品给人一种枯木逢春，万物复苏的感觉，展现了大自然的勃勃生机。

XIANGJIANXIAODAO

获奖情况： 优秀奖

作品名称： 乡间小道

作品作者： 蓝桢宇　王鑫杰　何应春　　　　　　　　　**指导教师：** 张　玉

推荐高校： 内蒙古农业大学

作品简介： 从未有过关于水族箱造景的经验，也没有学习过相关的课程，但作者凭借对它的认识和理解，加上对艺术作品的创作冲动，将来源于生活的理念做出了《乡间小道》这个作品。作者用白色化妆沙创作出了河流，营造出一种悠远的感觉；在河流上架起了一座石桥，给乡间小道增添了一份乐趣，给人以千年等一回般白素贞与许仙相遇的遐想；两边用青龙石搭建的假山，增添了一份爽朗、一份气势。住在城市中的人们往往会遗忘了乡间的悠闲，作者想通过这次造景，提醒人们不要忘记乡间的美好。

HUALONG

获奖情况： 优秀奖

作品名称： 化龙

作品作者： 徐 刚 孙 莉 宋晓哲 　　　　**指导教师：** 刘变枝 郭国军

推荐高校： 河南农业大学

作品简介： 作品名为《化龙》，取义于"鱼跃龙门之化龙不成，鱼身化石为山"，寓意"一将功成万古枯"之悲壮。作品硬景观由松皮石构成，水草选用迷你矮珍珠、叉柱花、绿球藻和铁皇冠。硬景观由 12 块主石、6 块副石以及 2 块添石组成，山势整体向右倾斜，右侧主石以及副石向上直立，以增加作品的平衡感。山前大片留白，以迷你矮珍珠营造出山下草原的意境，山脚从左到右间插叉柱花营造出山前树林的感觉，山两边分别对称种植两簇铁皇冠，左右呼应衬托山势，绿球藻种于各山顶部，清楚地勾勒出本幅作品的整体弧线。此外，山体两边以及主石与副石间大片的留白，使作品骨架结构更加突显，整个山体走势似鱼游水底般流畅自然；山前留白区域为观赏鱼的主要活动区，一静一动，对比鲜明。作品创新之处在于留白手法的应用，山间间歇留白，山前大面积留白，使整幅作品简洁明快，山势高低起伏，连绵不断而又宁静深邃，让人不得不感叹大自然的鬼斧神工、神奇秀美！

DUHEZHISHU

获奖情况： 优秀奖

作品名称： 渡河之树

作品作者： 金丹璐　张巧婷　范晨曦　　　　**指导教师：** 王亚军　谢果凰

推荐高校： 宁波大学

作品简介： 设计灵感来自一张美丽神秘的风景照。常年在钢筋水泥的城市中生活的人们，向往那一抹绿色，所以草木的绿色和水的浅绿色成为我们的色彩基调。作者深刻理解"青山绿水就是金山银山"的含义，故着意点水成河可谓锦上添花，既有水桥流水，曲径通幽的气质，又有长江、黄河汹涌澎湃的气势。作者选用了火山岩更能凸显河流的力量，放置在最前的两棵大树和河是主景，树木遥呼相映，构成透着别有洞天意味的空间，河流的脉动穿梭其中。另外，通过远近变化来表现出丰富的层次，前后风光，各具特色。作品的名字为"渡河之树"，树儿站在两边，仿佛要渡河，大有佛教上渡为接引、度化之意，观赏者无不发出"了却俗物动禅心"的感慨。

SHENLINDUANXIANG

获奖情况： 优秀奖

作品名称： 深林断想

作品作者： 吴斌杰　韩　冰　林苁丞　　　　　　　　　**指导教师：** 张　玉

推荐高校： 内蒙古农业大学

作品简介： 森林是雄伟壮丽的，遮天蔽日，浩瀚无垠。等风来了就好似一片绿色的海，夜深人静就犹如一堵坚固的墙。
作品的创作灵感正是来源于那茂密的树林，在微风中摇拽婀娜多姿；在强风暴雨下摇摆，松涛阵阵，好一派"树欲静而风不止"的意境。作者用杜鹃根、松皮石等材料摆出了千年古树生长在两座山峰之间的造型，而在杜鹃根上用莫斯做点缀更是给这深林带来了一种别样的活力。当你走到树林深处发现一条静谧的小石路，一定会很惊喜，感叹大自然的神奇之处。古树围成的山洞更是巧夺天工，为深林里的小生命们提供了栖息之地……
大自然每一次剧烈的运动，总要破坏和毁灭一些什么，但也总有一些顽强的生命，它们不会屈服也绝不屈服。

ZHUOLIN

获奖情况： 优秀奖

作品名称： 拙林

作品作者： 罗网镛　许文吉　王彦方　　　　　　**指导教师：** 张　玉

推荐高校： 内蒙古农业大学

作品简介： 拙，取质朴无华、勤勉执着之意，用以赞美那片树林，虽无太多的光采让人瞩目，但它却执着地扎根于土壤中，顽强地成长、成材。

作品分为三部分，石林、山涧、丛林。石林构图偏低，为全局留白，山涧为过度，丛林位置偏高，植被多，以石林的静，衬托丛林的动，表现林间生机。泉发于山涧，贯穿整体，将分离的三部分结合，有整体性。将无限的多元景象融为微缩景观，合理而丰富地表现在有限的空间里。

拙林，少了一份繁杂，多了一份简朴，提醒人们在生活工作中要化繁为简，把复杂的工作分成简单的几个部分就会容易完成，把生活中的困扰分开几个小部分，逐个想通也就不自生苦恼了。

QIMIAOHUANXIANG

获奖情况： 优秀奖

作品名称： 奇妙幻想

作品作者： 孙亚威　马云梦　黄双双　　　　　指导教师：田　雪

推荐高校： 河南师范大学

作品简介： 水族箱造景是一门源于自然又高于自然的艺术，需要创作者独具匠心和奇思妙想方能将幻想变成现实。
作者运用丰富的想象力，顺应杜鹃根原本的形态特征，加之一些特点鲜明的杜鹃根，赋予主体的奇特而夸张的造型，并以小水榕、莫斯进行装点和修饰，看起来张扬而富有生命力。下面是一个奇特的树洞，透过树洞可见一汪静水，给人以平静之感；树体颜色的厚重与明亮水面形成鲜明对比，令人不禁震撼和遐想。
此外，鱼儿游弋其中，追逐嬉戏，给整幅画面增添了灵动之美。

YEWANG
YITIANQIUSELENGQINGWAN

获奖情况： 优秀奖

作品名称： 野望——一天秋色冷晴湾

作品作者： 尤 昆 尤加伟 王光毅　　　　　　**指导教师：** 丁淑荃 张云龙

推荐高校： 安徽农业大学

作品简介： 这幅水景作品与常规的岩组造景风格不同，它给人带来的并不是因"青山绿水"而产生的感动，而是描绘了一幅"一天秋色冷晴湾，无数峰峦远近间"的景象，让人情不自禁沉重起来，并产生一种漫无边际的凄凉感。作品的灵感来源于作者去皖南山区调研，看到一些被开发过度的山脉时的感受。题目引用的是山水诗《野望》，但作者想表达的却是号召人们保护生态环境。这幅作品的主体是用松皮石来进行构建的，松皮石天生的色泽以及多孔等特点，让整幅作品增添许多沉重的沧桑感。作者并没有用莫斯等水草进行修饰山上的断面，而是直突突暴露在眼前，目的是为了体现一种人工开采留下的痕迹。这幅作品的透视效果通过许多对比呈现的，前景的叉柱花与后景的爬地矮珍珠之间的对比，近处的大山与远处小山之间的对比，溪流前大后小的处理，将整个画面描绘得更加辽阔。同时，山脚下与山上努力延伸的爬地矮珍珠，石缝中夹生的水榕，蓬勃的生命力与山石沧桑感产生强烈的对比，给人带来不一样的感动。

TAOYUANSHENGU

获奖情况： 优秀奖

作品名称： 桃园深谷

作品作者： 李浩然　稽恩生　　　　　　　**指导教师：** 王建国　单喜双

推荐高校： 江苏农牧科技职业学院

作品简介： "安得舍罗网，拂衣辞世喧。悠然策藜杖，归向桃花源。"王维写下的这首诗，描写的就是美丽的桃园。"门前洛阳道，门里桃花路。尘土与烟霞，其间十馀步。""桃花流出武陵洞，梦想仙家云树春。今看水入洞中去，却是桃花源里人。"古往今来，世外桃源一直是人们向往的地方，向往它的宁静，向往它与自然的和谐。可是又有多少人能够像武陵人那样，误打误撞闯进桃花源呢？

作品构造是前往桃花源之前的小径。作者把小径放在整体的中央，使观赏者最先聚焦于小径上，引发他们对世外桃源的遐想，同时也寓意着希望。

NARISHANXIA

获奖情况： 优秀奖

作品名称： 那日山下

作品作者： 简　盈　蔡禹涵　魏成业　　　　　　**指导教师：** 王淑红　陈静斌

推荐高校： 集美大学

作品简介： 放眼大好河山，努力攀登高峰，那是一种积极向上的胸怀；悠然自在，玩味那日山下，那是另一种心境。

曾在山脚下游玩时，一眼望去，被这宏伟壮观之美景所震撼，一直让作者印象深刻，所以想把它们重现在水族缸中。

作品采用材料主要有青龙石、藻球、小水榕和柳条莫斯等。

作者巧妙利用光学原理，通过尼特利全光谱过滤，使得空静明亮，繁荣翠绿，自然逼真，景致清新之感。

作者希望能将大自然的壮观融入生活，让人们在生活中也能感受大自然的神奇，在纷扰中感受那片宁静，放慢脚步，放松自己，想象着自己就在那山脚下。

MIWUSENLIN

获奖情况： 优秀奖

作品名称： 迷雾森林

作品作者： 程 聪 王潇钰 朱振忠　　　　　**指导教师：** 王淑红 陈静斌

推荐高校： 集美大学

作品简介： 灵感来源于莫奈大师的油画作品，让人不禁想到了岁月流逝，还有记忆里的印象。作品采用的材料有：藻球、藤条、水榕、松皮石、莫斯、树根等。

作品的主景以苍天大树为引，由远近的景色给人以不同是视觉体验，迷雾般的水色，让人重温岁月的色彩，还有熟悉的景色。

那初晨的迷雾，遮住了远处的树林，只留下这一棵清晰如梦的——树。一片绿荫，一汪活水，一块松石，一个静谧的地方。心灵归往，与情迷，与不知林深。

BUXIU

获奖情况： 优秀奖

作品名称： 不朽

作品作者： 陈荣昊　刘盛泰　金瑞龙　　　　　　　　**指导教师：** 王淑红　陈静斌

推荐高校： 集美大学

作品简介： 由于台风过境，校园中出现很多折断的树木和碎玻璃，看着这些已成我们记忆中的物件，不忍心让它就这样灭失，为此作者在思考能不能进行废物利用，让这些心爱的物件得以存续。于是，收集了一些断木和几块相对完整的玻璃进行创作，将断木分段取其中分支多的一节作为主景即枯树，再将玻璃放置于缸底作为湖泊，点缀一些枯枝和细枝条，最后注水完成。

作品的主旨在于表现一种枯而不死的蓬勃生命力，映衬了风灾过后的人们不屈不挠的精神和顽强的生命力。

作品创新点在于充分对身边的不起眼的废置物品进行再利用，使之具有观赏价值，并达到减少废品，爱护环境之目的。

CHUN

获奖情况： 优秀奖

作品名称： 春

作品作者： 田志浩　王佳林　　　　　　　　　　　　指导教师：于兰萍

推荐高校： 山东农业大学

作品简介： 春天来临，万物复苏，高山积雪开始融化，逐步形成瀑布、河流。在这积雪融水的滋润下，麦苗伸开了懒腰，地上的小草开始茁壮成长，树木披上了绿装，展现出一派春意盎然的景象。

作品选用青龙石为主要骨架，构造出雪山的形象，在主峰上面装饰以白色化妆沙作为积雪，瀑布仍然选用白色化妆沙，河流用河沙铺成，点缀白沙作为激起的浪花。用在树木由近及远逐渐变小和河流由近及远逐渐变窄，给人以延伸感。用牛毛毡作为麦苗，迷你矮珍珠作为小草，是因为它们形象所要表达的主体。

LINJIANLVYE

获奖情况： 优秀奖

作品名称： 林间绿野

作品作者： 秦 慧　刘俊杰　刘浩然　　　　　　**指导教师：** 赵会宏　孙红岩

推荐高校： 华南农业大学

作品简介： 作品的灵感来自华南农大树木园的一角，两颗大树干上蔓生着蕨类植物，溪水从中缓缓流出，汇入前方的湖泊。林间杂草丛生，向远处不断蔓延；小树围绕着大树奋起生长，以获取更充足的阳光；红绿灯和三角灯鱼穿梭其间，宛如在林间游荡，构成一幅静中有动的林景图。

水族箱的底部选取的水草泥，表层铺少量砂石点缀溪流。前景水草以矮珍珠为主，似狂长的荒草，沉木上种有铁皇冠和莫斯，像老树上的蕨类植物；河流边种上牛毛毡和矮珍珠，点缀溪景。挺拔小树枝来自木本细叶榕的枝干，底部粘石块置于缸底。中景水草选取红羽毛草、象耳草和短叶簧藻等，后景水草为莎草、水兰及水蒜，最后加入少量青龙石块，压住易浮起的水草，并凸显丛林乱石堆砌的意境。观赏鱼选择的是红绿灯、三角灯和蓝眼灯，红绿灯和三角灯穿行于水体中层，蓝眼灯为上层鱼，宛如翱翔的鸥鸟，并起到除水面油膜的作用。

XIAYOUQIAOMU
YAWANGTIANTANG

获奖情况： 优秀奖

作品名称： 夏有乔木，雅望天堂

作品作者： 徐杜宇　李　萍　樊云鹏　　　　　　**指导教师：** 董传举

推荐高校： 河南师范大学

作品简介： 作品以杜鹃根做的古树为主景，青石、白陶粒做的小溪为衬景，生动形象的还原了大自然的原始风貌。
整体采用三角形美学原理，两棵古树前后错落放置，遥相呼应，展现出层次感，使人身临其境。小溪的设计利用了前低后高。前大后小的原则，从后面蜿蜒而至，连绵不绝。而与一般设计不同的是，作者构造了从不同源头汇聚前方的三条小溪，更加自然和谐富有生机；并特意把水草更密集地种在中间小溪的源头处，留有空白，营造深邃神秘之感。景观整体呈现夏天古树参天、郁郁葱葱、溪流清冽、涓涓流淌的景象，夏有乔木，并雅望天堂。

YOUGU

获奖情况： 优秀奖

作品名称： 幽谷

作品作者： 李 立 纪晓奇 林 玥　　　　　　　**指导教师：** 赵会宏 孙红岩

推荐高校： 华南农业大学

作品简介： 作品名称为《幽谷》，在红叶的装点下，山谷沾染了几分秋意。

作品主要由三部分构成，左右的山峰和中间的瀑布。制作的过程是先铺水草泥，将地形走势确定，保证两边高中间低、前低后高；再将山峰和沉木固定在水草泥中，摆出造型。注入水，水层不高过石头；种植水草，将水草用镊子插入水草泥中，以助其生根发芽；再加入造景沙，勾出水流和黄土地。再缓慢注水，换水，至水澄清；静置至水族缸环境稳定。最后放入鱼群，鱼儿欢乐地穿梭在山谷中，宛如身临其境。

CHENMODEXIAODAO

获奖情况： 优秀奖

作品名称： "沉默"的小岛

作品作者： 何　茜　胡颖彤　李小敏　　　　　**指导教师：** 赵会宏　孙红岩

推荐高校： 华南农业大学

作品简介： 作品的悬崖设计参照希腊扎金索斯岛的外形轮廓，设计理念为沉没在水底的小岛，寓意为海平面上升导致的岛屿消失，旨在呼吁保护环境。

按照水草的高低层次摆放，作为前中后景草，使其形成小岛旁的一片绿洲丛林。

作品的创新点在于布景独特和寓意深远：悬崖、沉船及丛林的设计新颖，整体布局有序且大气；结合当今许多岛屿逐渐沉没的现实，呼吁大家自觉保护身边环境，尽可能减缓海平面上升的速度，不要让海平面上美丽的岛屿逐渐沉没于水底。

作品适用于养小型热带观赏鱼，如斑马鱼等，既经济实惠又不失美观怡情。

CHONGSHANJUNLING

获奖情况： 优秀奖

作品名称： 崇山峻岭

作品作者： 冯上乐　巴新霞　王硕文　　　　　　　**指导教师：** 孟晓林

推荐高校： 河南师范大学

作品简介： 作品主要采用青龙石为主要石材，所用到的植物有莫斯、牛毛毡、小水榕、椒草、铁皇冠等。

采用了中国山水画中的写实手法，生动形象地表现了山峰重峦叠嶂，纵横交错，植被郁郁葱葱的景象。

山峰中隐约可见的小树凸显其生命力之顽强，左侧山峰隐约幽长的一条小路，让人产生幽静之感，不由想起王维的"空山不见人，但闻人语响"。

山石之间插种着小水榕，衬托了山上植被之茂密。整幅画面采用"凹"字形构图，对比鲜明，充分表现了山峰挺拔之特点。

FENFANZHONG
DENINGJING

获奖情况： 优秀奖

作品名称： 纷繁中的宁静

作品作者： 刘金博　刘永春　吴可越　　　　　　**指导教师：** 赵会宏　孙红岩

推荐高校： 华南农业大学

作品简介： 作品主要以"繁"为中心，希望表达出"尘世虽多纷扰，但我们心中仍存一片诗意"的意境。
用繁盛的水草象征的"纷繁"与湖光山色代表的"闲情逸致"对比，再借以游鱼点缀成为作者的主要构思。种类丰富交相辉映的水草、穿梭其中轻盈的小鱼、静谧湖泊和险峰，身处纷繁、心怀宁静，这也是当今社会许多人心境的真实写照，每个人内心都渴望拥有一份宁静，但能像陶渊明一样"采菊东篱下，悠然见南山"却鲜有其人。
真正的平静，无需避开车马喧嚣，这是一种由内而外的精神体验，这样你就会发现心灵的净土，那山、那湖……

YUNSHUIZHIDIAN

获奖情况： 优秀奖

作品名称： 云水之巅

作品作者： 赵肖肖　赵文丽　王洋洋　　　　　　　　**指导教师：** 宋东莹

推荐高校： 河南师范大学

作品简介： 造景的灵感来源于李白的《望庐山瀑布》："日照香炉生紫烟，遥看瀑布挂前川。飞流直下三千尺，疑是银河落九天。"为能达到诗意的意境，作品采用透视的造景手法，由近及远，近处是郁郁葱葱的小树，远处是宏伟壮观的瀑布。瀑布是本次造景的创新点，它位于整个缸的黄金分割点处，符合焦点原则，这样能给观者营造一种良好的视觉效果。

水草则采用红绿搭配，色彩丰富。整个造景将大自然的风光浓缩到一个小小的水族箱中，让大自然与我们共生共存。

JING

获奖情况： 优秀奖

作品名称： 静

作品作者： 吕红雨　王依灵　付紫茵　　　　　　　　指导教师： 张　玉

推荐高校： 内蒙古农业大学

作品简介： 作品主要以回归自然、还原生态为灵感，表现一种简约、宁静的感觉。

　　　　　 "静"不仅仅指恬静，也指洁净，也指平镜一般。以鱼为中心营造一种舒适美观又不失真实的景观效果，以矮珍珠做前景，配以迷你椒草、碎石以表现浅滩的宁静与空旷。中景采用沉木、景观石为主，配以铁皇冠等作为点缀，后景主要有宝塔草等作为层次、空间与颜色的划分，使整体既不单调又不失简洁大方，给人一种干干净净的直观感受。

　　　　　 水族箱以"镜"为中心反射出人的真实心境，两块沉木交相辉映，错落有致，既给鱼的生活增添神秘恬静气息，又不失游戏穿行于其中的乐趣。

GAOSHANYANGZHI

获奖情况： 优秀奖

作品名称： 高山仰止

作品作者： 王 倩 宋依玲　　　　　　　　　　**指导教师：** 王建国 单喜双

推荐高校： 江苏农牧科技职业学院

作品简介： 作品名称出自于《诗经》："高山仰止，景行行止。"虽不能至，然心向往之。

高山：比喻道德崇高；景行：大路，比喻行为正大光明；止：语助词。以高山和大路比喻人的道德之美，有高德之人犹山高、路阔一样受仰慕。后两句的意思是：虽然不能达到这种程度，可是心里却一直向往着。

作者利用青龙石和白沙构建了一幅心目中的山水画，蜿蜒的江流从山涧流出，用来表达我们心中的"路"，高高的山峰耸立于两岸，令人不禁发出"久仰山斗"的感慨。

希望用这样的一副美景来表达我们对于人性的美好向往，每个人都能坦诚相待，心胸开阔，以更加和谐友好的态度对待身边的每一个人。

表演赛　作品赏析

全国大学生第三届水族箱造景技能大赛
THE THIRD NATIONAL COLLEGE OF AQUARIUM LANDSCAPING SKILLS CONTEST

　　为了扩大比赛覆盖面，提高比赛水平，本届全国大学生水族箱造景技能大赛参考世界水族箱造景技能赛的赛制，以网络赛结合现场讲解等方式代替传统的现场造缸、现场评比的比赛形式。为了促进各个参赛高校之间的技术交流，提高参赛选手之间的协作能力，展示优秀参赛队的水平，本次大赛在"正式比赛"之外设置优秀选手表演赛。

　　表演赛作品由获得本次大赛一等奖的参赛队合作完成，包括西南大学（北碚校区）、华中农业大学、上海海洋大学、宁波大学、广东海洋大学、淮海工学院以及大连海洋大学等7所国内高校代表队协作完成。

　　各代表队利用现有材料，校际间相互协作，在评审专家杨雨帆、刘勇、陈伟3位老师的指导下共同完成了表演赛水族箱的造景，5幅表演赛作品充分展示了目前我国水产类高校学生的水族箱造景技术水平。

作品赏析： 作品还原了热带雨林深处的景色，采用了凹陷型布景手法，以黄金比例的方式设置开放空间，获得最佳的平衡感。整个布景的景深是依靠杜鹃根大小、高低、远近、明暗的变化来呈现。作品运用了青龙石作为两边基座，上面覆以大量粗细不同向下延伸的杜鹃根，使其表达出树木盘根交错、历经沧桑的意境。整个布景由从左侧伸出的一根沉木将左右两部分紧密联系在一起，使整体过度更加自然。前景采用了颜色明亮的浅黄色沙石，与树木形成了鲜明对比，不仅突出了素材的主轮廓，并与杜鹃根颜色相互呼应。水草主要以杜鹃根及沉木上铺设的大量莫斯为主，点缀少许小水溶，突出生机勃勃之意。前景在石材上铺设绿藻球模拟自然界中的苔藓类，以及少许牛毛毡突出丛林中杂草丛生之景。

作品赏析： 作品以四根沉木作为主景观，搭建出类似洞穴，桥梁的形状，增加了画面透视感。采用凸型构图手法，是比较富有挑战性的布景方式。下方在沉木周围放置少许小青龙石，增加沉木及画面稳定感。水草采用矮珍珠大面积铺设在底床，莫斯点缀在沉木上方，矮珍珠与莫斯明亮的颜色与细小的叶片都和粗大暗黑的沉木形成鲜明的对比，主景观的轮廓及颜色都得以彰显。整个作品焦点突出，色彩以沉木的暗黑色及水草的嫩绿色为主色彩，留白区域合理，透视感强。

作品赏析： 作品采用了凹陷型布景手法，运用了青龙石作为两边基座，使整体结构更加稳定，一高一低，一大一小，一远一近，增加了景观的景深效果。上面覆以大量粗细不同向四面放射延伸的杜鹃根，并使左右部分少许杜鹃根交错缠绕在一起，整体画面具有张力且左右和谐统一、过度自然。杜鹃根特有的细长枝条曲折而富于变化，增加了画面的立体感。前景采用了颜色与杜鹃根相似的亮黄色沙石，突出主景轮廓且层次分明。此外，还使用了少量的水榕及莫斯在杜鹃根上做点缀，突出杜鹃根原本枝条的形态。

作品赏析： 秋天，用阳光铺成的颜色，用金色熏染的色彩，是大自然色调的真实展现。作品一改往日水草造景绿色和红色的色调，大胆采用了亮黄色，这一点突出表现了秋天的真实景色。以两块木化石作为主结构，采用凹型构图方式，并大面积铺设枯树枝及黄色落叶，突出秋天树木枯竭的凄凉之感。底沙选用大面积颜色明亮的浅黄色沙石，与黄色落叶及木化石的颜色相互呼应，用沙石的亮突出石材的暗，从而更加加深了视觉焦点的突出作用。水草选用了少许形态与枯树枝类似的叶型细长的大水兰，种植在后景部分，象征秋天顽强的生命，并增加了整个景观的朦胧感。

作品赏析： 作品采用两组杜鹃根作为主景观，下方摆放少许青龙石增加整个画面的稳重感，杜鹃根向周围发散性延伸使画面具有视觉冲击力。运用了近大远小、近高远低的透视原理摆放石材、木材，达到增加景深的效果。后景运用了大量的高茎草，从左至右、高矮有序的种植，使画面更有韵律，更有动感，更有意境。

后记

全国大学生第三届水族箱造景技能大赛
THE THIRD NATIONAL COLLEGE OF AQUARIUM LANDSCAPING SKILLS CONTEST

全国大学生水族箱造景技能大赛已在华中农业大学成功举办两届了，本届大赛在大连海洋大学举办，作为东北地区唯一的一所海洋综合大学，大连海洋大学也顺利承办了本次大赛。

为了更好地向全国大学生展示本次大赛的作品、推广水族箱造景大赛、提高水族产业在全国高校的认可度、吸引更多的水产类专业学生投身到休闲渔业相关产业的发展中来，我们收集整理了本次大赛的优秀作品，编辑成册。

在作品的收集过程中，得到了各个参赛高校的大力支持和帮助，由于篇幅限制未能将全部参赛作品编辑入书，我们深表歉意。在书稿的整理过程中，大连海洋大学水族科学与技术专业 2015 级学生田爽、王梦姣和谢欣等同学参与了书稿的编辑整理工作。本书的出版得到了大连海洋大学、国家级复合应用型农林人才培养模式改革试点项目：水产类复合应用型卓越人才培养模式改革与创新及辽宁省省级本科教学改革项目：水产类"蓝色英才"培养模式改革研究与实践（UPRP20160326）的资助，在此一并感谢。

作品的整理和编辑是一项繁杂的工作，虽然我们已经尽力把作品的最好一面展示在本书中，但也难免有所疏漏，也请各位读者和广大师生谅解。希望本书的出版能对国内高校的休闲渔业相关专业的发展起到抛砖引玉的作用，也能为全国大学生水族箱造景技能大赛的推广起到促进作用。

编辑委员会

2018.5.28

全国大学生第三届水族箱造景技能大赛
THE THIRD NATIONAL COLLEGE OF AQUARIUM LANDSCAPING SKILLS CONTEST

特别鸣谢

大连圣亚旅游控股有限公司

学贯江海，德润方厚

全国大学生第三届水族箱造景技能大赛
THE THIRD NATIONAL COLLEGE OF AQUARIUM LANDSCAPING SKILLS CONTEST

图书在版编目（CIP）数据

全国大学生第三届水族箱造景技能大赛作品赏析 /
常亚青等主编 . -- 北京 : 海洋出版社 , 2018.8
ISBN 978-7-5210-0148-8

Ⅰ . ①全… Ⅱ . ①常… Ⅲ . ①水族箱 - 景观设计 - 作
品集 - 中国 - 现代 Ⅳ . ① S965.8

中国版本图书馆 CIP 数据核字 (2018) 第 164599 号

责任编辑：杨　明
责任印制：赵麟苏
封面设计：刘晓阳
排　　版：刘晓阳

海洋出版社　出版发行

http://www.oceanpress.com.cn
北京市海淀区大慧寺路 8 号　邮编：100081
北京朝阳印刷厂有限责任公司印制
新华书店发行所经销
2018 年 8 月第 1 版　2018 年 8 月北京第 1 次印刷
开本：889mm × 1194mm　1/16　印张：7.5
字数：119 千字　定价：80.00 元
发行部：62132549　邮购部：68038093　总编室：62114335

海洋版图书印装错误可随时退换